U0310169

# 0~3岁完美育儿+营养配餐速查

医学博士
妇产科副主任医师
中国人民解放军火箭军总医院
张小燕 ◎编著

浙江科学技术出版社

图书在版编目（CIP）数据

0~3岁完美育儿+营养配餐速查 / 张小燕编著. —杭州：浙江科学技术出版社，2017.8
ISBN 978-7-5341-7506-0

Ⅰ. ①0… Ⅱ. ①张… Ⅲ. ①婴幼儿—哺育—基本知识②婴幼儿—保健—食谱 Ⅳ. ①TS976.31②TS972.162

中国版本图书馆CIP数据核字(2017)第045578号

书　　名　0~3岁完美育儿+营养配餐速查
编　　著　张小燕

---

出版发行　浙江科学技术出版社
杭州市体育场路347号　邮政编码：310006
办公室电话：0571-85176593
销售部电话：0571-85062597　0571-85058048
E-mail:zkpress@zkpress.com
排　　版　北京明信弘德文化发展有限公司
印　　刷　北京中创彩色印刷有限公司
经　　销　全国各地新华书店

---

开　　本　710×1000　1/16　　印　张　17.25
字　　数　210 000
版　　次　2017年8月第1版　　印　次　2017年8月第1次印刷
书　　号　ISBN 978-7-5341-7506-0　　定　价　32.80元

---



**责任编辑**　王巧玲　仝　林　　**责任印务**　田　文
**责任校对**　马　融　　**责任美编**　金　晖

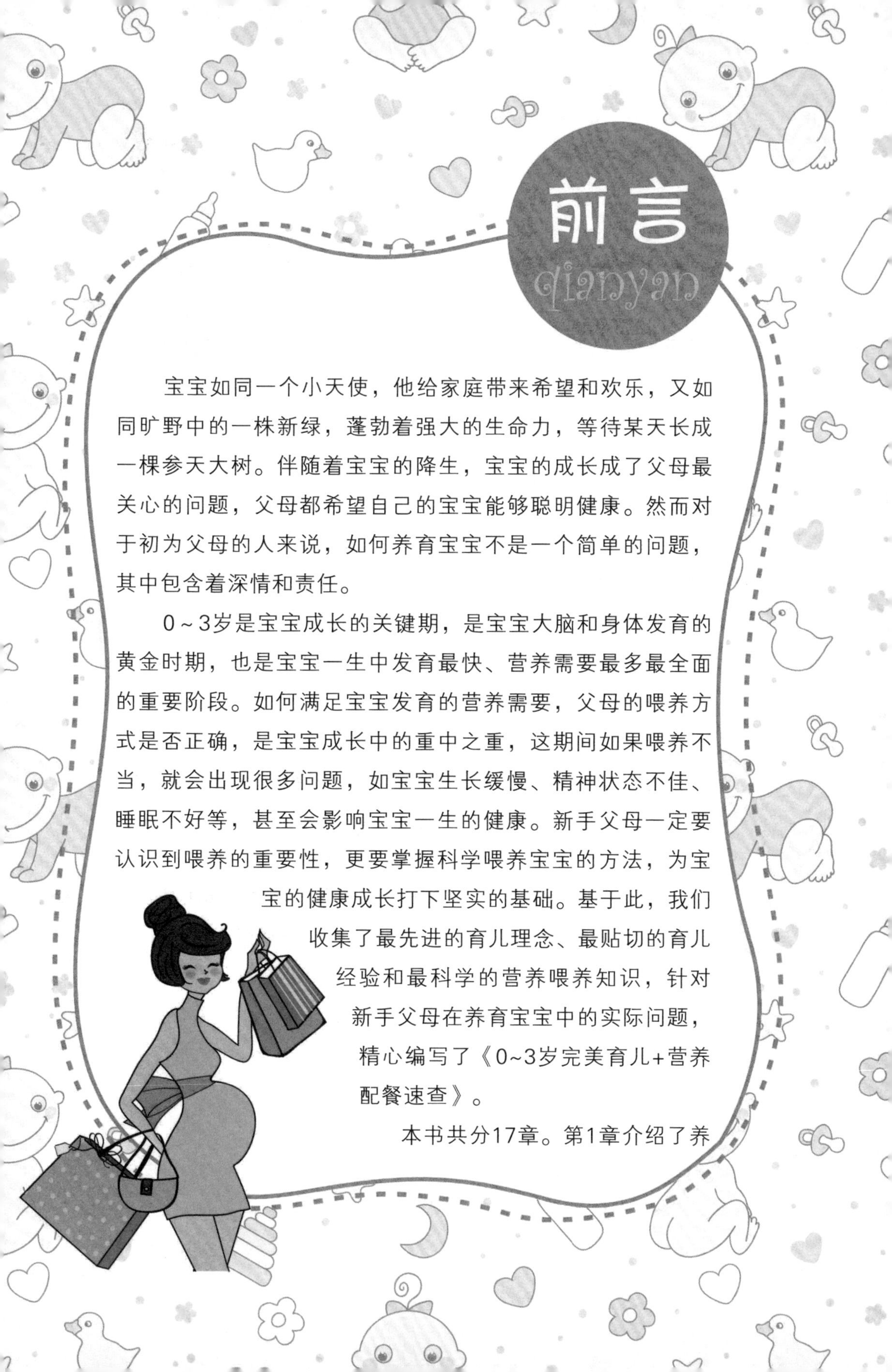

# 前言

qianyan

宝宝如同一个小天使，他给家庭带来希望和欢乐，又如同旷野中的一株新绿，蓬勃着强大的生命力，等待某天长成一棵参天大树。伴随着宝宝的降生，宝宝的成长成了父母最关心的问题，父母都希望自己的宝宝能够聪明健康。然而对于初为父母的人来说，如何养育宝宝不是一个简单的问题，其中包含着深情和责任。

0～3岁是宝宝成长的关键期，是宝宝大脑和身体发育的黄金时期，也是宝宝一生中发育最快、营养需要最多最全面的重要阶段。如何满足宝宝发育的营养需要，父母的喂养方式是否正确，是宝宝成长中的重中之重，这期间如果喂养不当，就会出现很多问题，如宝宝生长缓慢、精神状态不佳、睡眠不好等，甚至会影响宝宝一生的健康。新手父母一定要认识到喂养的重要性，更要掌握科学喂养宝宝的方法，为宝宝的健康成长打下坚实的基础。基于此，我们收集了最先进的育儿理念、最贴切的育儿经验和最科学的营养喂养知识，针对新手父母在养育宝宝中的实际问题，精心编写了《0~3岁完美育儿+营养配餐速查》。

本书共分17章。第1章介绍了养

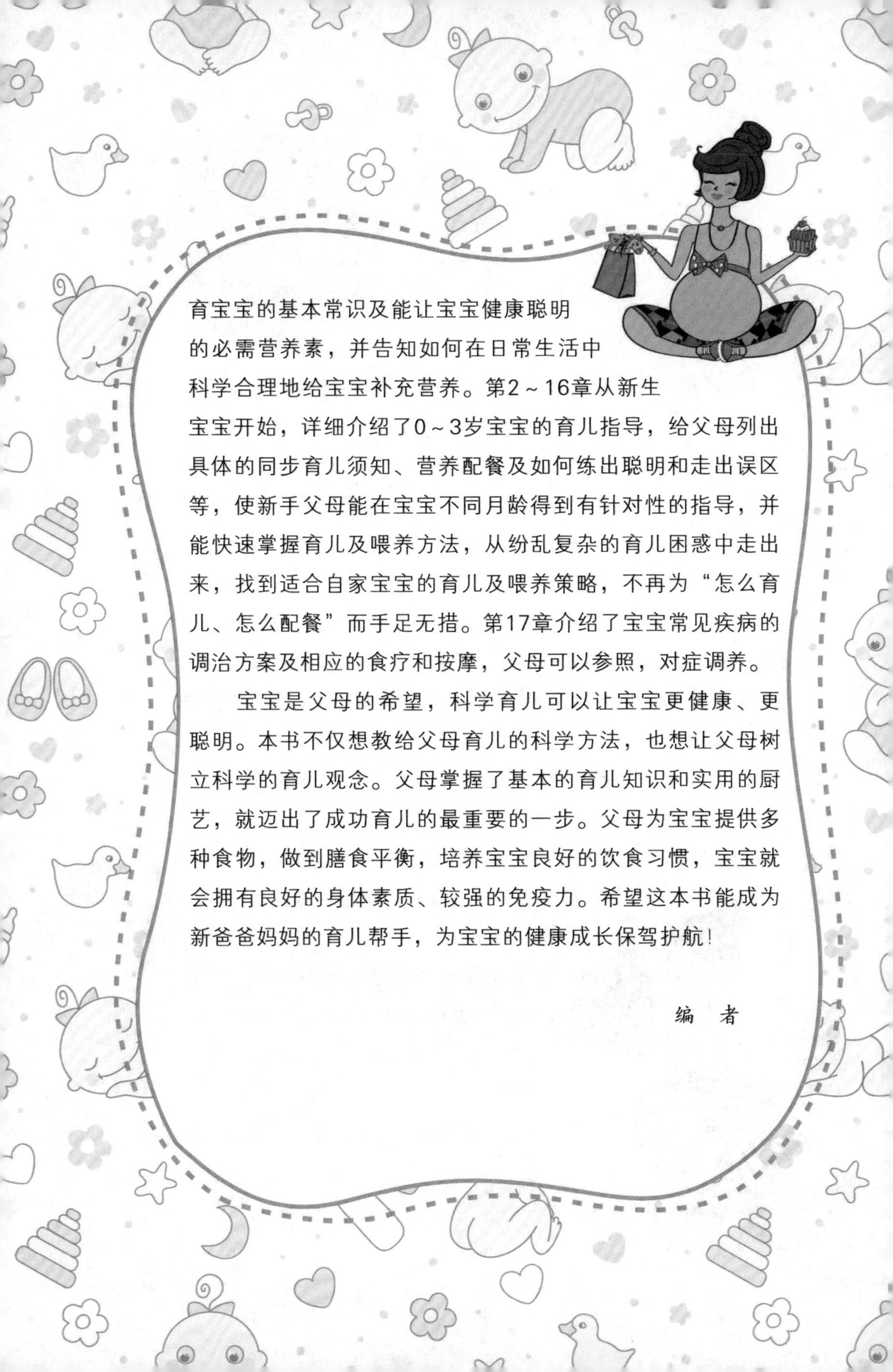

育宝宝的基本常识及能让宝宝健康聪明的必需营养素，并告知如何在日常生活中科学合理地给宝宝补充营养。第2～16章从新生宝宝开始，详细介绍了0～3岁宝宝的育儿指导，给父母列出具体的同步育儿须知、营养配餐及如何练出聪明和走出误区等，使新手父母能在宝宝不同月龄得到有针对性的指导，并能快速掌握育儿及喂养方法，从纷乱复杂的育儿困惑中走出来，找到适合自家宝宝的育儿及喂养策略，不再为“怎么育儿、怎么配餐”而手足无措。第17章介绍了宝宝常见疾病的调治方案及相应的食疗和按摩，父母可以参照，对症调养。

宝宝是父母的希望，科学育儿可以让宝宝更健康、更聪明。本书不仅想教给父母育儿的科学方法，也想让父母树立科学的育儿观念。父母掌握了基本的育儿知识和实用的厨艺，就迈出了成功育儿的最重要的一步。父母为宝宝提供多种食物，做到膳食平衡，培养宝宝良好的饮食习惯，宝宝就会拥有良好的身体素质、较强的免疫力。希望这本书能成为新爸爸妈妈的育儿帮手，为宝宝的健康成长保驾护航!

编　者

Contents目录

## Part1 养孩子不难，健康、聪明“两不误”

## Part2 满月前喂养方，初为父母切莫慌

## Part3 1～2个月：脱离新生儿期

## Part4 2～3个月：开始学翻身

## Part5 3~4个月：进入非常招人喜欢的月龄

## Part6 4~5个月：会用眼睛传递感情了

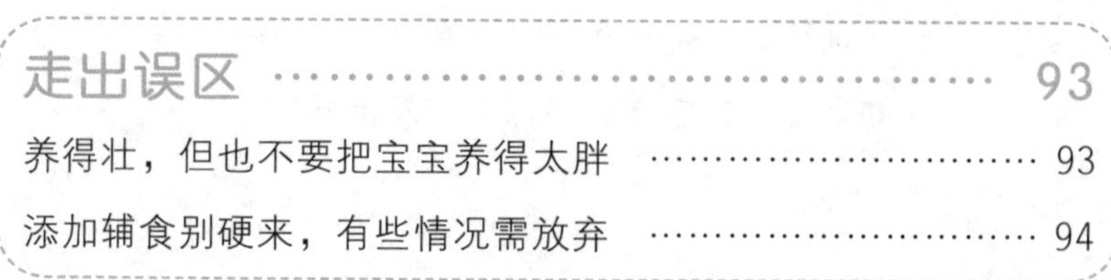

## Part7 5~6个月：对周围的事物越来越感兴趣

# Part8 6~7个月：有的宝宝会坐了

## Part9 7~8个月：宝宝活动能力更强了

# Part10 8~9个月：喜欢做一些探索性的活动

# Part11 9~10个月：能自己站起来了

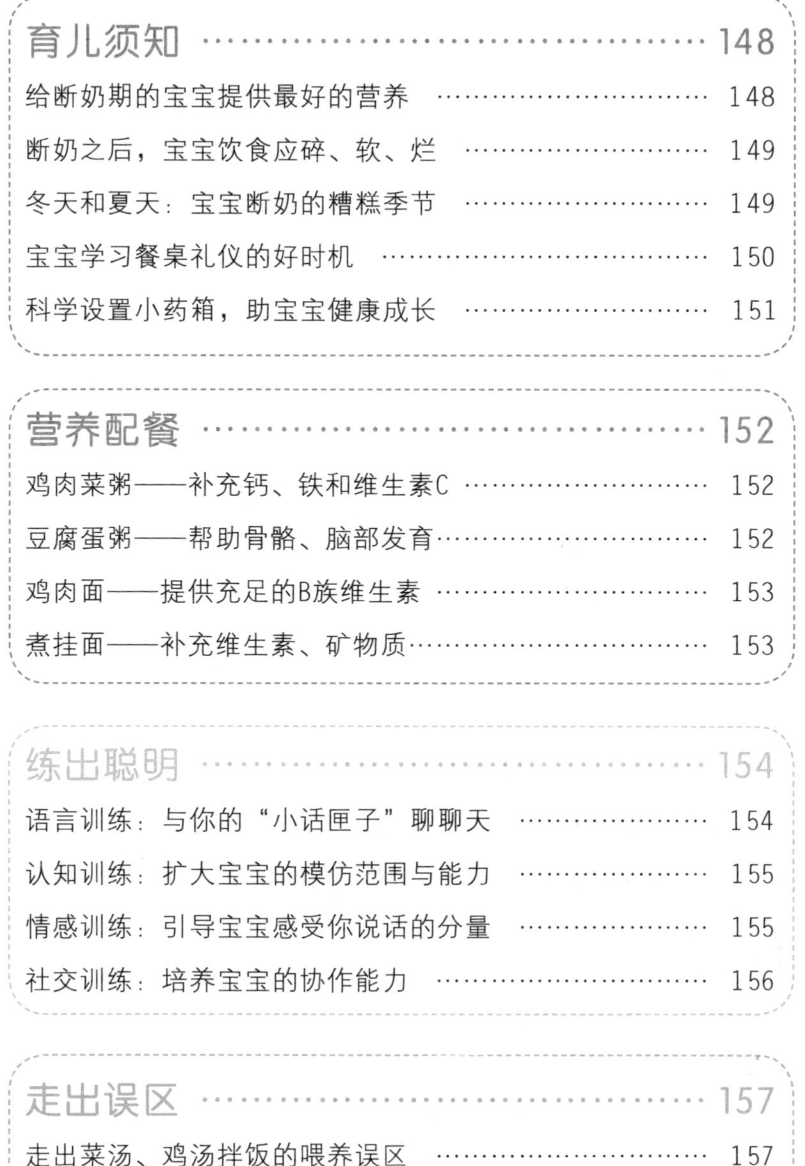

# Part12 10~11个月：会推着小车向前走

# Part13 11～12个月：蹒跚中独步行走

## Part14 1~1.5岁：宝宝由婴儿期过渡到了幼儿期

## Part15 1.5～2岁：宝宝什么都想模仿着做

# Part16 2~3岁：宝宝协作能力形成的关键期

## Part17 疾病调治

# Part 1

## 养孩子不难，健康、聪明“两不误”

宝宝健康聪明是天下所有爸爸、妈妈的共同心愿。但是初为父母，如何正确、科学地养育宝宝呢？本章对如何让宝宝吃出健康、练出聪明、保证必须营养进行了详细介绍，新爸爸新妈妈只要认真阅读并切实实践，定能让自己的宝宝健康快乐地成长！

# 吃出健康

## 脾胃：后天之本先当家，健康就靠它

脾脏是宝宝的后天之本，宝宝成长发育所需要的营养全依赖于脾，从吃母乳到添加辅食，再到能正常吃饭，宝宝的这颗“脾芽”被食物一天天地浇灌长大。值得注意的是，这颗“脾芽”的养育是非常讲究的，并不是你给多少，它就能吸收多少。

中医有“饮食自倍，脾胃乃伤”、不可“乳食并进”等说法，这都是考虑到孩子稚脾的习性，但很多家长在生活中没有注意到这些细节，结果孩子长得又黄又瘦，还以为是他不好好吃饭的结果。其实，这个责任不在孩子而在父母，因为父母不了解宝宝稚脾的习性，不知道如何去做，才会导致其伤食以致营养不良。那父母究竟该怎样做呢？中医学认为，“稚脾”重在“养”。

有的父母图省事，让才七八个月的宝宝和大人吃一样的东西，宝宝牙齿都没长全，虚弱的脾胃不能将食物消化、吸收，只能通过粪便排出来。虽然宝宝吃饭了，可并不代表他就能消化吸收，所以家长一定要考虑宝宝身体发育的特点，进行正确喂养。过早地给宝宝喂固体食物，是对宝宝的不负责任，很多宝宝的喂养问题都出在10个月以后。以前

不生病的宝宝容易生病了，脸上的气色也差了，这说明宝宝的脾胃还很虚弱，没发育到能消化固体食物的程度，家长必须给宝宝喂糊状食物，将食物剁得很碎。

中医学认为，脾的主要功能是升清降浊。“升清”就是吸收食物的营养物质，“降浊”就是把经过吸收后的废物变成大小便排出体外。

脾不“升清”时，宝宝就表现为不爱吃饭、厌食，时间长了，脾虚成疾，营养吸收不足，就会出现营养不良。而脾不“降浊”，宝宝就会出现小便发黄、短少等症状，久而久之则会引起小便清长、失禁，大便溏泄等毛病，营养物质还没来得及吸收就被匆匆排出体外了。

要想宝宝健康成长，重在养好脾，不做伤害其脾的事。对于那些先天不足、常常生病、身高和体重都不达标的宝宝，家长更是要照顾宝宝虚弱的脾胃，将食物剁碎、煮烂，以利于脾胃的消化吸收。

## 宝宝爱生病，脾胃虚亏首当其冲

中医有一句话叫“正气存内，邪不可干”，外邪袭来的时候，在外界环境同等的条件下，有的宝宝不生病，有的宝宝却容易生病，这说明爱生病的宝宝正气不足，很可能是他脾胃不好、脾气不足。

中医学认为，脾（属土）是生肺（属金）的，即脾是肺的“母亲”。脾胃不好的宝宝，肺的功能一般也不好，所以很多宝宝总爱感冒发热。究其原因，大多都是吃东西不对伤了脾胃造成的，甚至一些别的病也是吃出来的。

中医学认为，“小儿脾常不足”，想要宝宝健康成长，家长就要照顾好宝宝“常不足”的脾，保护好宝宝的脾，别做伤宝宝脾胃的事。为了保护宝宝的脾胃，父母应注意以下几点：

（1）脾胃喜欢细、软、烂的食物。刚出生的宝宝的胃肠壁非常薄，胃肠蠕动的力量不够，所以只能吃液体状的奶；4个月以后，可以慢慢地增添糊状的、利于消化的米粉、蛋羹、菜泥、鱼泥等；8个月后，能吃剁得很碎的蔬菜和煮得很烂的稀饭、面条；1周岁的宝宝可以吃煮得很烂的固体食物。如果宝宝长得瘦小、经常生病，家长可先不增加固体的食物，继续将宝宝吃的食物剁得碎碎的、煮得软烂的，以减轻宝宝脾胃的负担，等宝宝脾胃增强了，2周岁以后再慢慢增加固体食物。

（2）脾胃怕寒凉的食物。给宝宝吃的食物最好是温热的，让宝宝喝温开水，不要让宝宝吃凉饭。水果也要等天暖了，有应季新鲜水果的时候再吃，冬季尽量不吃或少吃。大寒属性的食物，只有天热的时候才可以吃。

稀粥

蛋黄

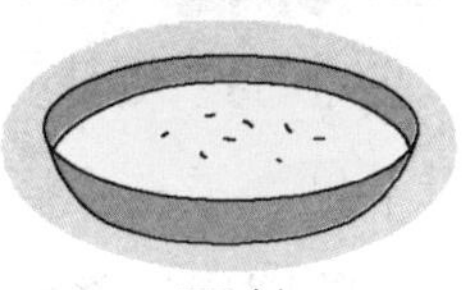

蛋羹

（3）适度地按摩能促进脾胃的蠕动。家长可每晚在宝宝的肚脐周围轻轻地顺时针按摩20～30圈，有助于宝宝脾胃的消化吸收。

（4）运动是最好的开胃方法。家长一定要带宝宝多进行户外运动和玩耍，这样宝宝吃饭才能吃得多、吃得香。

（5）保证宝宝充足的睡眠。睡眠不好的宝宝脾胃普遍不好，所以宝宝一定要早睡觉，保证充足的睡眠时间。

总之，家长只有注意生活中的一些细节，才能确保宝宝脾胃功能正常，确保宝宝气血充足、身体健康。

## 调理宝宝脾胃，忌用口味重的食物

脾胃对宝宝来说，是非常重要的器官，可一些家长不懂得基本的喂养常识，给宝宝吃的很多东西往往都是不健康的。如有的家长为了省事，常让宝宝吃大人的饭菜，而大人的饭菜一般添加的调料较多，时间长了，就把宝宝的口味变重了，非重口味不吃。

人的口味从哪儿来？是从脾来的。脾气足的人，才能感受到口味。但口味太重了，就会刺激到脾，把脾的期望值给提高了。如果家长在孩子小的时候就把他的口味变重了，长大后，他就喜欢吃重口味的食物。一个人长大后喜欢吃什么口味的东西，在很大程度上取决于小时候父母的喂养习惯。如小时候宝宝吃得太咸，以后吃的菜里如果少了盐，他就会觉得没味道。

宝宝的脾胃很娇嫩，如果宝宝经常吃口味重的食物，就会给他的脾胃造成很严重的刺激。如果宝宝口味变重了，他就无法适应清淡的味道，以后再吃清淡、营养的饮食，他就吃不下去了，这样就会导致宝宝的脾胃功能失调。

如果大人去尝宝宝的米粉，会觉得口味很淡、很难吃，远不如大人的饭菜可口。其实，这正是根据宝宝身体发育的特点制作的，宝宝不能过早地吃带甜味的食物，否则他们的肚子会胀；宝宝也不能过早地吃盐，因为他们的肾脏发育还不完善。只有到1周岁左右，才能在他们的食物里稍加一点盐。

正确的养脾胃之道是吃甘淡的东西，而不是“肥甘厚味”。“甘”指的是食物里面自有的甜，如咀嚼米饭、南瓜、红薯时能感觉到的甜味，“淡”指的是平淡中和的味道。

宝宝会跟着自己的口味走，长期吃重口味的食物，就不愿吃甘淡的食物了，而甘淡的食物才是他们身体生长所需要的。

## 饮食健脑：宝宝不同表现不同吃法

如果把人脑比作电脑，脑细胞组织是硬件，而使用方法是软件。

人脑的“硬件”分三个阶段形成，即第一阶段0~3岁，第二阶段4~13岁，第三阶段14~20岁，全部“硬件”的70％在第一阶段的3岁左右形成，到20岁大体上全部形成。那么，如何才能做到有目的、有针对性地进食呢？具体介绍如下：

**宝宝表现**

面色苍白、委靡不振、目光呆滞、畏寒手冷、反应迟缓、体形瘦矮、嗜睡无神等。

**饮食建议**

给孩子常食健脾益胃、安神益智的食物。如蜂蜜、苹果、核桃、胡萝卜、红枣、花生、松子、鱼虾、山药等食品。

**宝宝表现**

肥胖、无神懈怠、小便短赤、大便溏泄、腹胀积食、营养不良、下肢微肿、稍动则累等。

**饮食建议**

给孩子常吃一些化湿燥脾、消积化瘀的食物。如赤豆、山楂、鲤鱼、泥鳅、蚕豆、冬瓜、竹笋、洋葱等食品。

**宝宝表现**

胖嫩水肿、面黑肤糙、小便短赤、遗尿惊厥、发稀焦黄、反应迟钝、语言含糊等。

**饮食建议**

经常给孩子吃一些益肾助阳、活血补脑的食品。如核桃、山楂、动物肝脏、动物血、动物大脑、山药、瓜子、黑芝麻、黑豆、板栗、黑鱼、紫菜等食物。

**宝宝表现**

神怠衰懒、出汗不止，易感冒或生病。

**饮食建议**

应经常选择那些能壮体质、助阳补气、健脑的食物。如黄花菜、荔枝、萝卜、红枣、芝麻、核桃、牛奶、鸡、鸭、鱼、蛋、豆制品等。

值得一提的是，由于宝宝体质各异，所以做父母的应根据其实际情况，提供不同的食物，只有这样，宝宝才能营养平衡、大脑发育正常、身体健康。

# 练出聪明

## 右脑功能：心算、速读，将信息图像化

科学研究证明，大脑分为左半球和右半球。右半球即右脑，管人体左边的一切活动，右脑与音乐、绘画、空间几何、想象、综合等能力有关。人脑的大部分记忆，是将情景以模糊的图像存入右脑，就如同录像带的工作原理一样。信息是以某种图画、形象，像电影胶片似的记入右脑的。

从实际机能来看，右脑支配左手、左脚、左耳等人体的左半身神经和感觉。科学研究证实，右视野同左脑相连，左视野同右脑相连，主要负责直观的、综合的、几何的、绘图的思考认识和行为。在日常工作和生活中，对某件困惑已久的事情突然有所感悟，或者豁然开朗，其实这都是右脑潜能发挥作用的结果。

任何人的右脑，无论什么时候都可以通过锻炼使其活化。从工作角度说，年龄越大，就越要求具备右脑的能力。随着担任更加重要的职务，单凭左脑的逻辑推理已经远远不够，必须从整体上、从纷乱复杂的现象中，准确地把握问题的本质，这就需要有驱动右脑“软件系统”的能力。

## 左脑功能：处理文字和数据等抽象信息

顾名思义，左脑即大脑的左半球，与右脑相对应。日常所谓的思考，就是左脑一边观察右脑所描绘的图像，一边符号化、语言化的过

程。所以左脑具有很强的工具性质，它负责把右脑的形象思维转换成语言。

由此不难看出，左脑与右脑形状相同，功能却大不一样。左脑支配右半身的神经和感觉，左脑司语言，主要完成语言的、逻辑的、分析的、代数的思考认识和行为，控制着知识、判断、思考等，与显意识有密切的关系，擅长逻辑推理，能用语言来处理信息，把进入脑内看到、听到、触到、嗅到及品尝到（左脑五感）的信息转换成语言来传达。

如果形象一点说，右脑就像个艺术家，长于非语言的形象思维和直觉，对音乐、美术、舞蹈等艺术活动有超常的感悟力，空间想象力极强。不善言辞，但充满激情与创造力，感情丰富、幽默、有人情味。而左脑就像个雄辩家，善于语言和逻辑分析；又像一个科学家，长于抽象思维和复杂计算，但是刻板、缺少幽默和丰富的情感。

## 训练健脑：多种方法交替使用更聪明

人体全部血液的20%供向大脑，专心用脑时血流量更多，而且必须源源不断，不能短缺。一般所谓头脑清醒的时候，就是头脑血管扩张，血行通畅的时候，这时血中的含氧量相当充足。那么，如何训练宝宝的大脑，使其更加聪明呢？总的来说，训练的方法很多，有社交训练、语言训练、情感训练等。具体要领如下：

### 社交训练

训练孩子在陌生人面前表演；训练孩子进入陌生的环境；让孩子多些尝试错误的机会；让孩子多与同龄的小朋友接触。

## 语言训练

既简单又清晰地说话，能促进孩子的语言能力发展。一开始可以提高音调吸引孩子，尤其是重点字眼。同时，注意使用简短句子，避免运用太花哨的修辞和太复杂的句子结构；使用的字词以孩子熟悉的、围绕他身边事物内容的为佳；放慢说话速度，字与字之间可稍作停顿；适当的复述以加深孩子对整句话或个别字词的印象，有助于他更有效地接收信息内容。

## 情感训练

家长要善于表达内心的情感，从而有效地感染孩子，使其逐步体验正常、健康的情感；家长应该让孩子了解和掌握相关知识，懂得其中的道理。孩子的知识越丰富，明白事理也就越深刻，情感自然也就会越深厚。家长要有目的地、系统地引导孩子参与各项有益的活动，营造体验美好情感的氛围，使其从小就养成良好的行为习惯。

# 必需营养

## 蛋白质——帮助大脑正常发育

蛋白质是构成机体各种细胞的主要原料，是补偿新陈代谢消耗及修补组织损失的主要物质，对于调节各种生理活动、维持机体健康水平具有重要的作用。蛋白质在体内氧化可以产生热量，是人体的供热能源。每克蛋白质可产生16.28千焦（3.89千卡）热量，通常每人每天要消耗的蛋白质占总热量的10%～15%。由此可见，蛋白质与人体生命活动息息相关。

此外，蛋白质还有助于大脑发育。蛋白质是构成脑细胞和脑细胞代谢的重要营养物质。蛋白质中富含的7种人体必需的氨基酸可为脑细胞提供营养，使人保持旺盛的记忆力，并且能加强注意力和理解能力。0～3周岁是宝宝大脑发育的关键时期，通过食物获取充足的蛋白质是提高脑细胞活力的重要保证。

### 正常需要量

正常情况下，健康成年人每天蛋白质需要量为每千克体重需1～1.5克；通常1周岁以内的宝宝每天每千克体重需1.5～3克；1～3周岁的宝宝以每天摄入35～45克为宜。

### 警示信号

蛋白质缺乏时，宝宝往往表现为生长发育迟缓、体重减轻、身材矮小、偏食、厌食，同时对疾病的抵抗力下降，容易感冒，破损的伤口不易愈合等。

蛋白质过剩（超出人体所需）时，人体内的蛋白质难以消化吸收，造成胃肠、肝脏、胰脏和肾脏的负担，进而导致胃肠功能紊乱和肝脏、肾脏的损害，对身体不利。

### 食物来源

婴幼儿时期，宝宝所需的蛋白质大多从食物中摄取，除特殊情况外，一般不用任何药剂类蛋白质。一般奶、蛋、鱼、瘦肉等动物性食物中的蛋白质含量高、质量好。没有肉类，可用植物性食物蛋白补充。面粉中含蛋白质约10%，每天吃500克面粉可获得50克蛋白质。普通面粉、糙米的蛋白质含量略优于精白米和精白面粉。豆类食品中也富含优质蛋白，谷类中蛋白质含量约占10%。此外，蔬菜也含有蛋白质。

## 碳水化合物——促使肢体协调运动

碳水化合物是宝宝的直接能量来源，它所产生的能量可被身体直接利用。碳水化合物经人体消化后，以葡萄糖等形式被吸收利用，而未被利用的葡萄糖则会转化成脂肪，储存于体内。它能提供宝宝身体正常运作需要的大部分能量，起到保持体温、促进新陈代谢、促使肢体运动和维持大脑神经系统正常功能的作用。

### 正常需要量

正常情况下，1周岁以内的宝宝，每天每千克体重大约需要12克碳水化合物；2周岁以上的宝宝，每天每千克体重大约需要10克碳水化合

物。每克碳水化合物能提供热量16.74千焦（4千卡），每天摄取的碳水化合物所提供的热量应占人体所需总热量的50%～55%。

### 警示信号

当碳水化合物缺乏时，宝宝会显得全身无力、精神不振，有的宝宝还会发生便秘现象；严重缺乏时，则会出现体温下降、畏寒，身体发育迟滞或停止，体重明显下降。

碳水化合物过量时，会影响蛋白质和脂肪摄入，引起宝宝虚胖和免疫力低下，容易感染各种传染性疾病。

### 食物来源

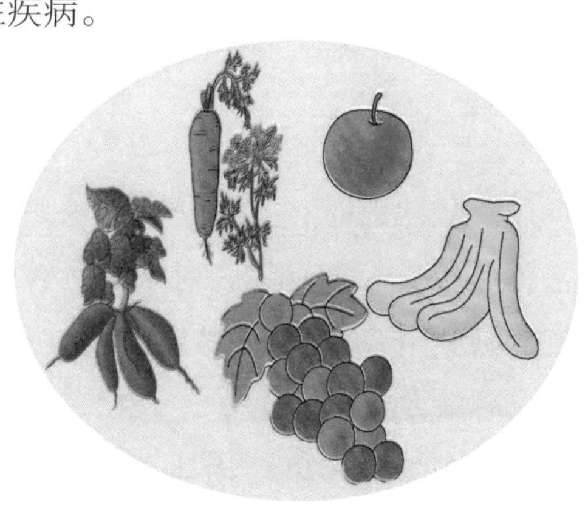

碳水化合物主要来源于谷类、奶类、坚果、蔬菜、水果，如粳米、面粉、甘蔗、香蕉、葡萄、胡萝卜、红薯、燕麦等。其中，谷类食物中碳水化合物含量较高，如每100克粳米中，含77.9克碳水化合物；每100克小米中，含75.1克碳水化合物；每100克面粉中，含75.2克碳水化合物。

日常食物完全可以满足宝宝每日所需碳水化合物，但需要注意科学搭配，控制碳水化合物的摄取量。如在摄取较多的蔬菜、水果时，要搭配主食类食物；相反，在摄取较多的谷类食物时，要吃一些富含膳食纤维的水果、蔬菜，来降低食物中的热量，平衡营养的摄取量。

## 叶酸——促进大脑和神经发育

叶酸是人体细胞生长和分裂所必需的物质。叶酸关系着胎儿大脑和神经的发育，对婴幼儿的神经细胞与脑细胞发育有促进作用。国外研究表明，在3周岁以下的婴幼儿食品中添加叶酸，有助于促进其脑细胞生长，并有提高智力的作用。美国食品与药物管理局（FDA）已批准叶酸作为一种健康食品添加剂添加于婴儿奶粉中。

叶酸可防止宝宝贫血，使皮肤健康，在患病虚弱时增加食欲；防止食物中毒和各种肠道寄生虫的入侵。此外，叶酸还是天然的止痛剂。

## 正常需要量

1～6个月的宝宝每天对叶酸的需求量为65微克；7～12个月的宝宝每天对叶酸的需求量为80微克；1～3周岁的宝宝每天对叶酸的需求量为150微克。

## 警示信号

叶酸缺乏时，宝宝呈面色苍白、头发无光泽、身体无力、易怒、精神呆滞、舌头发红、血细胞比较低、肠胃功能紊乱、容易腹泻等。长期缺乏叶酸的宝宝易患巨幼红细胞性贫血，还会导致身体发育不良，心智发育迟缓。

由于宝宝多以食物补充的形式摄取叶酸，而食物中的叶酸与药物叶酸性质不同，因此很少会出现叶酸过量的情况。若给宝宝使用药物叶酸，应遵医嘱，阅读说明书，严格控制剂量。

## 食物来源

叶酸多存在于蔬菜、水果、谷类、豆类、干果、动物性食物中。

蔬菜中，绿叶蔬菜是叶酸很好的食物来源，如茼蒿、小白菜、扁豆、西蓝花、油菜、莴笋、菠菜等。其中，以茼蒿的叶酸含量最高，每100克茼蒿含叶酸114.2微克。

水果中富含叶酸的有：橘子、草莓、香蕉、柠檬、桃、杨梅、酸

枣、石榴、猕猴桃、梨、葡萄等。其中，橘子的叶酸含量最高，每100克橘子含有52.3微克叶酸。

在动物性食物中，动物皮、肉含叶酸量较少，而动物内脏却含有大量叶酸，如猪肝、鸡肝、羊肝、猪肾，其中鸡肝的叶酸含量最高，每100克含有1172.2微克叶酸。

此外，蛋类与豆类食品中的叶酸含量也较为丰富。但由于食物中的叶酸在烹调、储存、加工过程中损失较大，因此，应尽量避免将蔬菜长期储存或长时间烹调，否则会影响宝宝对食物中叶酸的摄取。

## 维生素A——促进骨骼正常生长

维生素A可以促进脑细胞的发育，提高视网膜对光的感应能力，促进皮肤的健康，是维护视力和促进大脑发育必不可少的营养素。

维生素A还可预防夜盲症，辅助治疗宝宝的眼部不适，并有助于改善小儿弱视，预防呼吸道感染，促进生长发育，强壮骨骼，促进牙齿和骨骼正常生长，增强抗病能力。

### 正常需要量

3周岁以内的宝宝每天维生素A需要量约为400微克。通常1周岁以内吃母乳与配方奶的宝宝不需要单独补充维生素A，但牛奶喂养的宝宝每千克体重需额外补充150～200微克，因为牛奶中维生素A含量只为母乳与配方奶中的50%。

### 警示信号

维生素A缺乏时，夜晚视力减弱，易发生肠道感染，皮肤干燥粗糙，可出现多种皮肤色斑。宝宝如果长期缺乏维生素A，还可导致发育迟缓、智力低下、牙齿和骨骼软化。

维生素A过量时，会引起中毒症状，出现哭闹、骨骼变形、易骨折、毛发脱落、食欲不振、体重减轻、腹泻等情况。

### 食物来源

富含维生素A的食物有：动物肝脏、蛋类、乳类、绿色蔬菜、胡萝卜、番茄、红薯、玉米和橘子等。其中，动物性食物中的维生素A可直接利用，而蔬菜、水果、谷类等食物中的维生素A则需通过转化形成。

维生素A属脂溶性维生素，只能溶解于脂肪中，即需经过热食用油翻炒后才能被人体有效吸收，尤其是蔬菜、水果、谷类等食物中的维生素A。如经热油炒熟的胡萝卜，其维生素A的吸收率可达70%左右。

## B族维生素——保持免疫系统正常运行

B族维生素是水溶性物质，主要参与人体的消化吸收和神经传导。人体所需的B族维生素中，以维生素$B_1$、维生素$B_2$、维生素$B_6$、维生素$B_{12}$为主。

B族维生素可增强食欲，促进消化吸收，促进机体正常发育，是机体内重要酶系统的辅酶，参与新陈代谢，是宝宝身体制造红细胞和保持免疫系统正常运行的必需物质。

### 正常需要量

一般婴幼儿每天需要维生素$B_1$0.2～0.6毫克，维生素$B_2$0.4～0.6毫克，维生素$B_6$0.1～0.5毫克，维生素$B_{12}$0.1～0.5毫克，维生素$B_3$（烟酸）1～5毫克。

B族维生素之间具有协同作用，因此可一次摄取多种人体所需的B

族维生素。如果每日从食物中摄取较充足，一般不提倡额外补充，如特殊情况需额外服用、补充B族维生素的药物，需遵医嘱严格按剂量用药。

### 警示信号

维生素$B_1$缺乏时，易导致食欲不振、记忆力减退、易怒、易疲乏、心智灵敏度减退；严重时，还会引起呕吐、腹泻、生长速度缓慢、消瘦或体重下降、声音嘶哑等。

维生素$B_2$缺乏时，宝宝容易出现口臭、睡眠不佳、精神倦怠、皮肤"出油"、皮屑增多等症状，有时还会产生口腔黏膜溃疡、口角炎等疾患。

维生素$B_3$（烟酸）缺乏时，易产生口臭、口腔溃疡、牙龈酸痛、食欲减退、眩晕等病症。

维生素$B_6$和维生素$B_{12}$缺乏时，可出现皮肤感觉异常、毛发稀黄、精神不振、食欲下降、呕吐、腹泻、营养性贫血等症状。

B族维生素属水溶性维生素，当摄取过多时，多余部分不会在人体中储藏，会完全排出体外，所以需每天补充。

### 食物来源

B族维生素主要来源于奶类、豆类、全麦、酵母、坚果、瘦肉、动物肝脏、蛋类及麸类等食物。其中：

维生素$B_1$可从豆类、糙米、牛奶、家禽中摄取。

维生素$B_2$可从花椰菜、菠菜、胡萝卜、苹果、牛奶、鸡蛋、玉米、豆制品等食物中摄取。

维生素$B_3$（烟酸）可从瘦肉、豆类、鱼类、花生、蛋黄、新鲜蔬菜和水果中摄取。

维生素$B_6$可从动物肝脏、鸡肉、猪瘦肉、蛋黄、鱼类、花生、大

豆、土豆等食物中摄取。

维生素$B_{12}$可从蘑菇、蛋黄、牛肉、牛肾、牛肝、猪心、青鱼、牡蛎等食物中摄取。

在饮食中，B族维生素容易被氧化，烹调时宜采用焖、蒸，或做馅等加工方式，尽量减少营养的流失。

## 维生素C——预防坏血病

维生素C是水溶性物质，它是身体骨骼、软骨和结缔组织生成的主要成分，对于宝宝体内组织细胞、牙龈、血管、骨骼、牙齿的生长发育和修复至关重要，而且对宝宝铁的吸收也十分重要，但维生素C易被一氧化碳、水、烹饪、加热、光线等破坏。

### 正常需要量

正常情况下，婴幼儿需要的维生素C大都可从食物中获取，而且随年龄增加，所需量也会增加。一般0～6个月的宝宝每天需摄取30毫克，6～12个月的宝宝每天需摄取40毫克，1～3周岁的宝宝每天需摄取50毫克。

### 警示信号

维生素C缺乏时，宝宝的机体抵抗力减弱，易患疾病，最常见的表现是经常感冒。此外，维生素C参与造血代谢，如果缺乏易导致出血倾向，如皮下出血、牙龈出血、鼻出血等，且伤口不易愈合。

由于维生素C易流失，因此在不额外补充药剂的情况下，一般不会过量。如果宝宝缺乏症状较为严重，就需在医生指导下，严格按照剂量

用药，避免过量。

### 食物来源

维生素C主要来源于水果和蔬菜，其中水果以橙、柚、草莓、桃、山楂、荔枝、芒果、菠萝、苹果、葡萄等的维生素C含量较高，蔬菜中以辣椒、花椰菜、青蒜等维生素C含量较高。

由于维生素C易在烹调中流失，因此制作时不要将食物切得太碎，切开的食物不要长时间暴露在空气中，最好能现切现炒。炒时，宜大火快炒，或适量加点醋，有利于营养的保存。此外，在烹调富含维生素C的食物时，可与富含维生素E的食物搭配，这样可提高维生素C的吸收率，而且也能增加食物中的营养成分。

## 维生素D——健脑益智，预防佝偻病

维生素D与人体器官和组织的健康有很大关联，能促进人体骨骼发育，防治佝偻病，提高神经细胞的反应速度，增强人的判断能力，还可促进人体对钙的吸收，通过正确利用钙和磷来促进骨骼和牙齿的生长。此外，维生素D还可增强宝宝的免疫力，减少疾病的发生率。通常维生素D充足的宝宝抗流感能力较强，且较同龄宝宝生病少。

### 正常需要量

一般情况下，宝宝每天所需的维生素D摄入量为10微克。由于母乳中维生素D含量较少，不能满足宝宝生长发育的需要，因此从出生后第7～10天开始就应该补充维生素D，每天可喂10微克鱼肝油。用配方奶喂养的宝宝则不需要另外添加维生素D。

### 警示信号

维生素D缺乏症多见于3～6个月的婴儿。缺乏时，宝宝表现为情

绪不稳定、烦躁不安、易怒、多汗，睡眠当中会发生惊跳、哭泣等现象，而且对事物反应较慢、表情淡漠、语言发育迟缓。严重时，头骨发软，用手指按压枕骨或顶骨中央会内陷，松手后即弹回；关节肿大，骨骼脆弱，出现鸡胸、肋骨外翻、O形或X形腿等症状。缺乏维生素D的宝宝出牙较晚，牙齿易松动，缺乏釉质，易患龋齿。

维生素D可以在体内蓄积，不可给宝宝过量补充。倘若小儿每天用量大于2万~5万单位，连用几周，就会出现毒性反应，即食欲不振，并伴有恶心、呕吐、腹痛、腹泻、烦躁、失眠、幻觉、抑郁、多汗等症状；严重时，易导致肾结石、肾功能衰竭，甚至心律失常、惊厥、体温下降等症状。

## 食物来源

维生素D主要来源于奶制品、蛋黄、瘦肉、动物肝脏中。其中，以鱼肝油中的维生素D含量最为丰富，每100克鳕鱼鱼肝油中，含有8500微克。每100克鸡肝中，含有67微克维生素D。在烹调富含维生素D的食物时，宜与含有维生素A、维生素C、胆碱、钙和磷的食物一同制作，可提高食物的营养及对维生素D的吸收率。

除食物外，维生素D还可通过晒太阳转化而来。经研究发现，每平方厘米皮肤在阳光下晒3小时，可产生约20国际单位的维生素D。即使将婴儿全身紧裹衣服，只要暴露面部，每天晒太阳1小时，也可产生约400国际单位的维生素D，这接近于婴儿每天对维生素D的全部需求量。

## 钙——促进牙齿和骨骼生长

钙是人体内含量最多的矿物质，大部分存在于骨骼和牙齿之中。钙与磷相互作用，制造健康的骨骼和牙齿；在与镁的相互作用下，可维护心脏和血管的健康。钙可强壮宝宝的骨骼，坚固牙齿，减轻生长痛，降低毛细血管和细胞膜的通透性。

### 正常需要量

正常情况下，0～6个月的宝宝每天需摄入300毫克钙，6～12个月的宝宝每天需摄入400毫克钙，1～3周岁的宝宝每天需摄入600毫克钙。随着年龄的增长，生长发育逐渐趋于稳定，钙的摄入量也会逐渐趋于稳定，一个正常成年人每天钙的摄入量基本维持在800～1200毫克。

### 警示信号

缺钙时，宝宝常会多汗，出现烦躁、食欲不振、夜睡不安、枕秃、骨骼变形、关节肿大，并伴有维生素D缺乏等症。

钙过量时，会影响身体对铁、锌、镁、磷等营养素的吸收，严重时还会导致中毒，出现呼吸频率异常、烦躁不安、恶心呕吐、嗜睡、口唇发白或青紫症状，甚至发生昏迷，危及生命。

### 食物来源

在日常食物中，30%的钙来自蔬菜，如胡萝卜、小白菜、油菜、金针菇，但蔬菜中的钙质不易被人体吸收，而且容易在烹调时流失，所以摄入量较少；20%的钙来自奶制品，如酸奶、鲜奶、奶酪等，奶制品宝宝爱吃，而且较易吸收，每100毫升牛奶中，含有钙104毫克，所以每天应给宝宝补充足量的奶制品，以保证对钙的吸收。剩下的50%的钙来自海产品、豆类及种子类食物，如虾米、紫菜、海带、黄豆、黑豆、豆腐、芝麻等，其中以虾皮的含钙量最高，每100克含有991毫克的钙。

虽然富含钙的食物很多，但一些不正确的饮食习惯却会阻碍机体对钙的吸收，如高动物蛋白饮食。实验证明，每天摄入80克动物蛋白，会造成37毫克的钙流失。因此，在补钙的同时，还要注意蛋白质的摄入量，均衡搭配，这样才有利于身体对钙的吸收。

给月龄较小的宝宝补钙，应选择在每天两次喂奶的间隔时间，因为母乳或配方奶中的脂肪酸会影响宝宝对钙的吸收。

## 铁——宝宝的造血元素

铁是人体造血原料之一，参与血红蛋白的构成，同时也是血红蛋白和氧的运输载体。补铁可预防缺铁性贫血，为脑细胞提供营养素和充足的氧气，增强机体免疫力，是宝宝身体中不可缺少的造血元素。

### 正常需要量

一般来说，宝宝出生后体内储存的由母体获得的铁质，可供宝宝生长发育3～4个月。因此，0～ 6 个月的宝宝每天需要摄取的铁质较少，约0.3毫克；而6个月以后，宝宝体内的铁质会逐渐消耗殆尽，此时可增加补充剂量，6～12个月的宝宝每天需摄取10毫克的铁，1～3周岁的宝宝每天需摄取12毫克的铁，以后摄取量会逐渐稳定。

### 警示信号

缺铁时，会导致缺铁性贫血，患儿出现疲乏无力，面色苍白，皮

肤干燥、角化，毛发无光泽，指甲会出现条纹隆起、易骨折；长期贫血的宝宝，还易出现"异食癖"，精神不稳定，易怒、易动、兴奋、烦躁，甚至出现智力障碍。

铁过量时，会使机体代谢失去平衡，影响小肠对锌、铜等其他微量元素的吸收，使机体免疫功能降低，易遭受病菌感染。严重时，可导致宝宝心肌受损、心力衰竭，甚至休克。

食物来源

在生活中，富含铁的食物有动物内脏（肝、心、肾）、蛋黄、瘦肉、虾、海带、紫菜、黑木耳、南瓜子、芝麻、黄豆、绿叶蔬菜等。其中，以紫菜、黑木耳中的铁含量最高，每100克黑木耳中含97.4微克铁。

虽然含铁的食物很丰富，但在补充时也要注意方法，保证铁的吸收率。如烹调食物的厨具可改用铁质的，以增加食物中的铁含量；在烹调富含铁质的食物时，可搭配富含维生素C的食物，这样可增加铁的吸收率；宝宝在食用含铁质较高的食物后，不宜食用咖啡、奶类、植物纤维素以及茶等，以免抑制对铁的吸收。

由于铁剂对胃黏膜有刺激，可导致胃肠不适，影响食欲，所以给宝宝添加铁剂，需安排在两餐之间的时间里，不宜在饭前服用。同时要注意补充的量，一定要在医生指导下，严格按照说明书用药，避免过量。

## 碘——促进大脑发育

碘是人体必需的微量元素，能合成甲状腺激素，维护甲状腺正常的生理机能。人体内80%的碘存在于甲状腺中，甲状腺素是人体正常生长、大脑发育及生理代谢的重要激素，它能促进机体对蛋白质、脂肪、碳水化合物的吸收和利用，调节水、电解质的代谢，对身体的生长发育、智力与骨骼的发育影响都很大。因此，在婴幼儿时期不可缺碘，稍有不慎都会对宝宝的未来产生极大的影响。

### 正常需要量

一般来说，1周岁以内的宝宝每天需摄入40微克的碘，1～3周岁的宝宝每天需摄入50微克的碘。

### 警示信号

缺碘时，可引起克汀病，表现为智力低下，听力、语言和运动障碍，身材矮小，上半身比例大，有黏液性水肿，皮肤粗糙干燥，面容呆滞，两眼间距宽，鼻梁塌陷，舌头经常伸出口外。4周岁以后的幼儿缺碘，则会引发甲状腺肿大。

碘过量时，可引起甲状腺激素分泌异常，对胃肠道有强烈的刺激和腐蚀作用，出现中毒症状，表现为头晕、口渴、恶心、呕吐、腹泻、发热等，甚至窒息；严重时，还可出现精神症状、昏迷，如不及时抢救，可引起大脑严重缺氧，损害中枢神经系统，从而影响宝宝的智力发育。

### 食物来源

人体需要的碘含量并不多，基本可从饮水、碘盐、食物中获取。由于人体需碘量极少，除特殊情况外，一般不提倡单独服用碘剂药物，可从食物中摄取足够的碘。在日常生活中，含碘较丰富的食物有海带、紫菜、海鱼、虾等。

非母乳喂养的宝宝可在医生指导下服用碘剂，补碘过程中如出现异常情况应立即停用碘剂，并去医院做详细检查。母乳喂养的宝宝，只

要母亲不缺碘，一般宝宝不会出现缺碘症状。

一般1周岁以内的宝宝配餐中不可添加碘盐，应多从食物中摄取碘。1～3周岁宝宝的配餐中可加入少量碘盐，从小养成少吃盐的饮食习惯。

## 锌——增强食欲，促进智力发育

锌是人体生长发育、生殖遗传、免疫、内分泌等重要生理过程中必不可少的物质。锌可加速宝宝的成长，维持大脑的正常发育，增强机体免疫力，对维生素A的代谢及宝宝的视力发育具有重要作用。

### 正常需要量

一般来说，0～6个月的宝宝每天需摄入1.5毫克锌。由于母乳中所含的锌利用率较高，因此母乳喂养的宝宝一般不会缺锌；而配方奶喂养的宝宝大都易缺锌，父母应在医生指导下给宝宝服用锌剂。6～12个月的宝宝每天需摄入8毫克锌，1～3周岁的宝宝每天需摄入9毫克锌。在非特殊情况下，一般不提倡盲目服用补锌剂，若给宝宝服用锌剂，应在医生指导下，服用后要注意观察宝宝有无异常状况。

### 警示信号

缺锌时，宝宝会食欲变差，味觉功能减退，体质较弱，容易患呼吸道感染、口腔溃疡等多种疾病，并且不容易康复。严重时，还可能出现“异食癖”症状。

锌过量时，会抑制宝宝对食物中铁的吸收和利用，引起缺铁性贫血；严重时，会出现中毒症状，多表现为呕吐、头痛、腹泻、抽搐、血脂代谢紊乱，需及时送医院抢救治疗。

### 食物来源

如果宝宝缺锌不是很严重，最好通过食物补充。锌含量较高的食物较多，有瘦肉、动物肝脏、蛋黄、蘑菇、豆类、酵母、坚果、海带、绿叶蔬菜、水果、粗粮等。其中，动物性食物中，不仅锌含量高，而且吸收率也比植物性食物中的高。如每100克猪肝中，含锌5.78毫克，其吸收率为30%～40%；而每100克黄花菜中，含锌3.99毫克，其吸收率只有10%～20%。

烹制粗粮配餐时，注意不要加工太细，尽量少淘洗、打碎。锌主要存在于粗粮食物的胚部谷皮之中，若加工太细易造成大量锌流失。所以在制作时，最好用水泡软，可减少营养流失。

Part 2

# 满月前喂养方，初为父母切莫慌

胎儿自离开母体到28天这段时间称为新生儿期。新生儿期的宝宝犹如雏鸡出壳，十分娇嫩。哭是新生儿与人交流的唯一语言，爸爸妈妈也成为新生宝宝最可靠的代言人。但遗憾的是，对于初为父母的年轻夫妇来说，新生宝宝是他们最熟悉的“陌生人”，这个时期，既是新手父母的“实习期”，又是“考验期”。

# 育儿须知

## 母乳喂养的几种正确姿势

母乳喂养的妈妈要从学习正确的哺乳知识开始，学会哺乳时正确地抱宝宝。

### 摇篮式

方法：用手臂的肘关节内侧托住宝宝的头部，同侧手托住宝宝的臀部，使宝宝的腹部紧贴住妈妈的身体，宝宝应该是水平或以很小的角度平躺着。这种抱法妈妈也可使用一些技巧：如利用软垫或扶手支撑手臂，缓解肌肉紧绷；垫高双脚有助于身体放松；将乳房托起来哺乳的效果会更好。

特点：这是一种经典的哺乳姿势，简单易学，是多数妈妈最常用的姿势。

### 交叉摇篮式

方法：它与摇篮式的不同之处在于：宝宝的头部不是靠在妈妈的臂弯上，而是靠在妈妈的前臂上。如果用左侧乳房喂奶，就用右手支撑着乳房，用左手手臂和手掌托住宝宝的背部和颈部，使宝宝的胸腹部朝向妈妈，引导他找到乳头。妈妈可利用枕头垫在宝宝下面减轻自己的负担。

特点：适合很小的宝宝和含乳头有困难的宝宝。

### 橄榄球式（侧抱式）

方法：“橄榄球式”就是把宝宝夹在胳膊下面（与哺乳乳房同一侧的胳膊），就像夹着一个橄榄球一样。具体方法是：把宝宝放在体侧的胳膊下方，宝宝面朝妈妈，头部靠近妈妈的胸部，双脚伸在妈妈的背后。妈妈用同侧手的手指支撑着宝宝的头部和肩膀，然后在宝宝头部下面垫一个枕头，让宝宝的嘴能接触到妈妈的乳头。妈妈的另一只手呈“C”形托住乳房，引导宝宝找到乳头。

特点：适合宝宝过小或含乳头困难，妈妈剖宫产，乳房较大、乳头扁平，或双胞胎等。

### 侧卧式

方法：妈妈与宝宝面对面侧卧，妈妈用自己身体下侧的胳膊搂住宝宝的头，把宝宝抱近。或者也可以把身体下侧的胳膊枕在自己头下，以免碍事，而用身体上侧的胳膊扶着宝宝的头。如果宝宝还需要再高一些，离你的乳房更近一点，可以用叠起来的毯子把宝宝的头垫高。总之，要让宝宝不费劲就能够着妈妈的乳房，妈妈也不需要弓着身子就能让宝宝吸到奶。

特点：这是侧躺在床上喂奶的姿势，适合剖宫产或分娩时出现过难产，不适宜坐着哺乳的妈妈。

## 如何正确选购、使用纸尿裤

如今，越来越多的宝宝开始使用纸尿裤，可是该如何正确挑选纸尿裤呢？哪种纸尿裤更适合宝宝呢？如何正确使用纸尿裤呢？

## 科学选购纸尿裤

宝宝稚嫩的肌肤很容易受到伤害，而纸尿裤的品质直接影响着宝宝的肌肤健康。所以在选购纸尿裤时一定要做到以下几点：

（1）购买时应先注意包装上的标识是否规范。根据我国轻工业行业标准关于纸尿裤（含纸尿片／垫）的规定，纸尿裤的销售包装上应标明这些内容：产品名称，采用标准号，执行卫生标准号，生产许可证号，商标；生产企业名称，地址；产品品种，内装数量，产品等级；产品的生产日期和批号。

（2）尽量选择知名品牌的纸尿裤。知名品牌产品的生产原料、生产设备和生产环境都是按照国家要求进行的，因此质量会更有保证。

（3）在大商场或超市购买。正规商场或超市的进货渠道应该有保证，安全性也较高。

## 选择适合宝宝的尺码

现在，纸尿裤的尺寸种类已相当齐全，可参考包装上的标示购买。腰围要紧贴宝宝腰部，胶贴于腰部的数字标示1～3之间比较合适。如胶贴贴于3号标示上，说明纸尿裤的尺寸小了，下次购买时选大一码的纸尿裤。检查腿部橡皮筋松紧程度，若太紧，表示尺码过小。若未贴在腿部，表示尺码过大。

## 正确使用纸尿裤

（1）在为宝宝更换纸尿裤前，应将手清洗干净，避免手上细菌接触宝宝的皮肤。

（2）在每次给宝宝换纸尿裤时，都要彻底清洁宝宝的皮肤，使用婴儿专用湿巾将小屁股擦净，再涂上护臀膏，换上新的纸尿裤。这样可以减少宝宝皮肤受刺激。

（3）纸尿裤湿了或脏了时，应当及时更换。一般来说，超过4小时就应更换纸尿裤，有大便的时候一定要更换。

（4）应将纸尿裤保存在干燥通风、不受阳光直射的室内，防止雨、雪淋湿和地面湿气的影响，也不得与有污染或有毒的化学物品一起存放。

## 三类新生儿不适宜吃母乳

当宝宝出现下列疾病时，妈妈不得不放弃对宝宝的母乳喂养，但不要为此而感到遗憾。宝宝吃配方奶一样可以健康成长。

（1）患有乳糖不耐受综合征，食用乳汁后易产生腹泻、消化不良等症状。由于长期腹泻不仅直接影响婴儿的生长发育，而且可造成免疫力低下引发反复感染，对于这部分患特殊疾病的婴儿也应暂停母乳或其他奶制品的喂养，取而代之以不含乳糖配方的奶粉或大豆配方奶。

（2）患有病理性母乳性黄疸，食用母乳后会出现黄疸症状，停止48小时后，自行恢复。此病可尝试喂母乳，但若出现症状必须停止，且需隔2～3天后再次尝试，至不出现症状后，方可母乳喂养。

（3）患有乳糖血症或苯丙酮尿症，食用母乳后易出现代谢异常，应避免母乳喂养，以免患儿智力受到损害。

## 宝宝吃药，小动作有大诀窍

宝宝的出生，在给爸爸妈妈带来了无限欢乐的同时，也带来了许多的烦恼。宝宝患了病，即使是轻微的感冒，也常因喂药困难而让爸爸妈妈感到头痛，有时不得不用打针来取而代之。可是这不仅给宝宝带来痛苦，而且有些不良反应也会接踵而来。因此，家长学会一些给孩子喂药的正确方法是十分必要的。

（1）喂药前，爸爸妈妈不宜给患儿喂乳及饮水，要使患儿处于半饥饿状态。这样既可防止患儿恶心呕吐，又便于将药物咽下。

（2）按医嘱，先将药片或药水放置勺内，用温开水调匀，也可放糖少许。喂药时将患儿抱于怀中，托起头部呈半卧位，用左手拇指、食指轻轻按压小儿双侧颊部，迫使患儿张嘴，然后将药物慢慢倒入小儿嘴里。但要注意，不要用捏鼻的方法使患儿张嘴，也不宜将药物直接倒入咽部，以免将药物吸入气管发生呛咳，甚而导致吸入性肺炎的发生。

（3）喂药后，应继续喂水20～30毫升，将口腔及食管内积存的药物送入胃内，而且喂药后不宜马上喂奶，以免发生反胃，引起呕吐。

（4）要严格掌握剂量。因新生儿的肝、肾等脏器解毒功能的发育尚未完善，若用药过量容易发生中毒。

（5）有时小儿用药剂量很小，为了便于准确掌握剂量及减少服药时有效成分的损失，可先将所服用的药物与钙片等对机体无明显影响的药物一同研碎、混匀，然后再分出所服用的剂量。

# 吃出健康

## “三早”是喂好第一口奶的起点

新妈妈分娩后不久就应该考虑给宝宝喂第一口奶了，这是宝宝与妈妈亲密接触的开始，也是顺利过渡到母乳喂养的一个关键时期。妈妈要选择好喂奶的时机，做好宝宝的饮食领路人。

早接触

分娩后30分钟以内，处理好脐带后将新生宝宝赤裸地放在妈妈胸前，让妈妈搂抱宝宝，且接触时间不得少于30分钟。母婴肌肤的接触不仅使妈妈得到心理抚慰，宝宝也会得到抚慰，从而促进母婴情感上的紧密联系。

早吸吮

宝宝出生后30分钟以内就要让其吸吮母乳。在分娩后1小时内，大多数新生儿对爱抚或哺乳都很感兴趣，早吸吮母亲乳头可及早建立泌乳反射和排乳反射，并增加母亲体内泌乳素和催产素的含量，加快乳汁的分泌和排出。且出生后20～30分钟新生儿吸吮能力最强，应及早得到吸吮刺激，否则会影响以后的吸吮能力。

早开奶

妈妈早开奶宝宝可得到初乳，可以让宝宝尽早获得营养补充，避免新生宝宝低血糖症状的发生，还可促进母亲乳汁的早分泌。这时的初乳含有较多免疫物质IgA和具有杀菌作用的物质溶酶菌，初乳富含蛋白质和免疫活性物质，对宝宝防御感染及初级免疫系统的建立十分重要。最早的初乳含有脂肪，尽管量不多，但已足以起到帮助宝宝排出胎便、清洁肠道的作用。

## 母乳喂养哺乳时间要适宜

正常婴儿吸吮一侧乳房需10分钟，一般一次哺乳需20分钟。如果哺乳时间过长，就会产生以下不利影响：

（1）从一次喂奶的成分来看，先吸出的母乳中蛋白质含量高，脂肪含量低，以后蛋白质含量逐渐降低，脂肪含量逐渐增高，容易引起婴儿腹泻。

（2）喂奶时间过长，新生儿会吸入较多的空气，容易引起呕吐、溢奶、腹胀等不适。

（3）新生儿含乳头时间过长，妈妈的乳头皮肤容易因浸渍而糜烂，而且也会养成宝宝日后吸吮乳头的坏习惯。

从一侧乳房喂奶10分钟来看，最初2分钟内新生儿可吃到总奶量的50%，最初4分钟内可吃到总奶量的80%～90%，以后的6分钟几乎吃不到多少奶。虽然一侧乳房喂奶时间只需4分钟就够了，但后面的6分钟也是必需的。通过吸吮刺激催乳素释放，可增加下一次的乳汁分泌量，而且可增加母婴之间的感情。从心理学角度来看，它还能满足新生儿在口欲期口唇吸吮的需求。

如果遇到新生宝宝边吃边睡或含奶头而不吸乳时，可用手指轻揉几下小儿的耳垂，轻拉新生儿的小手指或小脚趾，试试取出乳头等方法，以刺激新生儿加快吃奶速度。

## 选配方奶，适合的才是最好的

由于种种原因，不能用纯母乳喂养宝宝时，首选婴幼儿配方奶粉喂养。婴幼儿配方奶粉是专为宝宝生产的替代母乳的奶粉，以牛乳（或羊乳）及其加工制品为主要原料，加入适量的维生素、矿物质和其他辅料，经加工制成的供婴幼儿食用的产品。配方奶在营养成分、结构及功能等方面都最为接近母乳，是比较理想的代乳品。作为父母总想给宝宝

最好的，那面对市场上琳琅满目的配方奶，究竟该如何为宝宝选呢？专家提醒，最适合宝宝成长的才是最好的奶粉。

### 选对成长阶段

处于成长期的宝宝，消化能力不同，每个阶段所需的营养比例也不相同。婴幼儿配方奶粉一般分为3个阶段，1岁以内的宝宝可选用1段婴幼儿配方奶粉；1～3岁的宝宝可选用2、3段婴幼儿配方奶粉。

### 咨询医生的建议

如宝宝有特殊的健康需要，可先咨询医生，选用特别配方的奶粉，并按医生的指示使用。特殊配方的奶粉包括：早产儿奶粉、脱敏奶粉、水解蛋白配方奶粉、高铁奶粉等。一般的婴幼儿就选择以牛乳为基础的配方奶粉。

### 选择亲和人体的

目前市场上配方奶粉大都接近于母乳成分，只是在个别成分和数量上有所不同。妈妈在选择奶粉时，要选择α-乳清蛋白尽量接近母乳的、亲和人体的配方奶粉。另外，1岁以内婴幼儿奶粉的蛋白质含量必须达到12～18克/100克，1～3岁婴幼儿奶粉的蛋白质含量必须达到15～25克/100克。

### 适合的才是最好的

每个宝宝的体质不同，不同品牌奶粉所添加的成分也有微小的差别，无论是价格高低，只要宝宝爱吃、适合，吃后大便不干燥，体重和身高等指标正常增长，睡眠、食欲等正常，就可以给宝宝吃，不必盲目追求高端。科学喂养宝宝，含意是婴幼儿奶粉与母乳越接近越好，并不是越贵越好，越“洋”越好。

## 新生儿初始，混合喂养你要懂

混合喂养虽然不如母乳喂养好，但是却比单纯喂配方奶或其他代乳品的人工喂养要好。混合喂养在一定程度上能保证妈妈的乳房按时接受宝宝吸吮的刺激，从而维持乳汁的正常分泌。宝宝每天能吃到3次左右母乳，对宝宝的身心健康仍有很多好处。现在提倡的混合喂养仍是以母乳喂养为主的一种喂养，这就需要新妈妈充分利用母乳，发挥母乳的优势，让混合喂养更成功。一般混合喂养的方法有补授法和代授法两种，它们各自具有一定的优劣和适宜性，妈妈可根据实际情况选择其中的一种。

### 补授法

补授法是指每次先喂哺母乳，让宝宝先将一侧乳房吸空，再吸另一侧乳房，然后再喂配方奶。母乳喂养的时间大致控制在10分钟以内，之后立即补充其他奶。补授法适用于能够对宝宝进行全天喂养的妈妈及4个月以内的婴儿。由于宝宝的频繁吸吮，而且每次都将乳房吸空，能够让妈妈的乳房持续接受刺激，可使母乳的分泌量逐渐增加，可能会使妈妈重新回归到纯母乳喂养。但缺点是易使宝宝出现消化不良；可使宝宝对乳头发生错觉，进而引发厌食配方奶、拒吃奶瓶的现象。

### 代授法

代授法是指一顿全部用母乳哺喂，另一顿则完全用配方奶粉，也就是将母乳和配方奶交替哺喂。一般妈妈同宝宝在一起时只喂母乳，母婴分离时采用配方奶代替几顿。代授法可用来解决妈妈母乳不足或因上班等无法按时喂哺的问题，比较适合于4个月以上的宝宝。上班的妈妈

可在早上上班前，晚上下班后及睡觉前坚持喂母乳，这种混合喂养可坚持到宝宝12个月至18个月，对宝宝的身心发展都有利。但一天中母乳喂养不少于3次，否则母乳就会迅速减少，导致停止分泌乳汁。

需要注意的是，在对宝宝进行混合喂养时，不可因为母乳少就轻易断奶，在未断奶之前应尽量延长母乳哺喂的时间；妈妈因工作关系不能给宝宝喂奶的，可用奶粉代替母乳1～2次，但妈妈仍应按时将奶挤出，以刺激乳汁分泌，吸出的母乳应放在消好毒的容器中密封并放入冰箱冷藏，储存时间不宜超过8小时，加热后的母乳不可重复冷藏；混合喂养的宝宝也一样可根据不同的月龄添加各种辅助食品，但在正常的断奶之前，辅助食品不可完全取代母乳或奶粉。

# 练出聪明

## 语言训练：聪明宝宝的金钥匙

语言是思维的工具，思维又是智力的核心。要想把孩子培养得更聪明、更富有智慧，就要重视早期语言训练。

父母是宝宝学习语言的第一任老师，对宝宝语言发展有深刻影响。宝宝听觉研究专家发现，宝宝脑内的“听觉地图”大概到1岁时完成；在此期间，给宝宝输送越多的有意义的声音，越能促进宝宝脑内主管听觉的神经元的敏感性。另外，还有研究表明，宝宝获得的词汇量的多少，在很大程度上取决于妈妈对宝宝说话的数量。

刚出生的宝宝，听不懂对成人的话，但宝宝的学习能力很强，当妈妈总是冲他微笑，对他说：“宝宝，我是妈妈。”“宝宝，这是奶，你饿了吧。”当给宝宝穿衣服时，当给宝宝喂奶、换尿布时，要和宝宝说话，告诉他“妈妈在给你换衣服，凉不凉啊？伸伸小胳膊、抬起头”等。也就是说，尽可能地与孩子多说话，这是发展宝宝语言能力必不可少的。

宝宝，
我是妈妈。

时间一长，这种语言信息就储存在了宝宝的脑子里。随着宝宝的智力发育，再经过几十次的语言重复，他就明白，原来总抱着我的人就是妈

妈。到了快1岁的时候，他可能会叫“爸爸、妈妈”了，当成人对他说：“宝宝，你的球呢？”他会转身去找，说明他已经明白了话的意思。当到了一定时候宝宝长期储存下来的语言会突然爆发，于是很多话都会说了。

## 动作训练：抚触传递“爱”护

胎儿在妈妈子宫里十个月，是生活在一个比较温暖、舒适、安全的环境里，并且得到了充分的营养。可是出生后，熟悉的环境消失了，来到了一个陌生的世界，这时宝宝最需要安全感，妈妈母性的温柔可以安抚宝宝不安的心，母性的耐心可以呵护宝宝健康成长。妈妈温暖的双手为宝宝轻轻按摩，每一个抚触都是关爱，是妈妈亲手搭建的最坚固的亲情城堡，它传递着妈妈对宝宝的爱，是宝宝神经和体格发育不可缺少的“营养品”。出生后对宝宝进行抚触有很多好处：

（1）抚触可以刺激宝宝的淋巴系统，增强宝宝抵抗疾病的能力。

（2）抚触可以改善宝宝的消化系统功能，增进食欲。

（3）抚触可以平复宝宝的不安情绪，减少哭闹。

（4）抚触可以加深宝宝的睡眠深度，延长睡眠时间。

（5）抚触能促进母婴间的交流，令宝宝感受到妈妈的爱护和关怀。

抚触是妈妈送给宝宝的一件无法估价的珍贵礼物，使父母心旷神怡，使宝宝有愉悦感受。经常有人抱并得到爱抚的宝宝，长大后拥有自信和乐观的性格。对宝宝抚触是人类最初的关怀，柔柔的抚触融入了妈妈无限的爱与关怀，使宝宝安全自信，学会爱与被爱，并具有欢快的情绪。另外，对宝宝抚触方法十分简单，不须花费，只要坚持做，肯定会有效果。

## 听觉训练：音乐，提升宝宝的灵性

研究证明，一个出生24小时的新生宝宝，在他啼哭时给他放一些轻快柔和的乐曲，他会马上停止哭声，并睁开眼睛；出生1周的新生宝宝就能分辨出妈妈的声音。对新生宝宝来说，听觉比视觉刺激大，生下来就能听到声音，而且会做出反应。不要因为害怕新生宝宝因响声而受到“惊吓”，就在屋里禁止出声，这样听觉刺激减少，会影响新生宝宝听觉细胞的发育和功能的提高。

给新生宝宝听音乐有两方面作用：一是培养他稳定愉快的情绪（可在睡前听几首催眠曲）；二是有助于听觉训练。

## 视觉训练：这样玩促进视觉发育

神经学研究发现，新生宝宝的视神经有黑白反应。随着宝宝的成长，他会喜欢看人的脸、看新鲜的颜色，还会注视图形复杂的区域、曲线和同心圆式的图案。育儿专家指出，玩具可以开发宝宝的智力，还可以促进宝宝视觉、听觉更好地发展。专家还指出，新生宝宝选择玩具是有讲究的，不可乱选，在这里专家建议你为孩子挑选以下几种玩具：

（1）造型简单、手感柔软温暖、体积较大的绒布或棉布制品充填玩具，如绒布熊、绒布狗。这种玩具能带给新生宝宝一种温暖的安全感。

（2）颜色鲜艳、造型优美，同样能发出悦耳声音的玩具，如彩色气球、吹气塑料玩具等，这些玩具能同时刺激新生宝宝的视觉和听觉，对宝宝的成长十分有益。

（3）选用一些用手捏可发声的橡胶玩具或较轻的、干净的小型玩具。

（4）当宝宝对周围环境表现出兴趣时，可选一些颜色鲜艳、图案丰富、容易抓握、能发出不同响声的玩具，如拨浪鼓、哗铃棒、小闹钟、八音盒等。

# 走出误区

## 哺乳时间，机械规定是误区

宝宝刚刚出生的几天内，母乳分泌量较少，因此不宜刻板固定喂奶的时间，可根据需要调节喂奶次数。妈妈乳汁较少时，给宝宝吃奶的次数相应增加，这样一方面可以满足宝宝的生理需要，另一方面通过宝宝吸吮的刺激，也有助于泌乳素的分泌，继而乳汁量也会增加。然后，慢慢地吃奶间隔就可以相应延长。假如机械地规定喂奶时间，宝宝因饥饿哭闹，等到了喂奶时间宝宝已困乏，吃奶也会减少，且哭闹使宝宝胃内进入许多气体，吃奶后也会引起呕吐。足月儿隔3～4小时喂奶一次。至于每次喂奶的时间，第一天每次每侧乳房喂奶约2分钟，第二天约4分钟，第三天约6分钟，以后为8～10分钟，即一次喂两侧共15～20分钟。吸奶时间过久，会咽入过多空气，易引起呕吐，而且也会养成日后空吸吮乳头的坏习惯。

## 随意亲近宝宝，探视方式不妥

“粉嘟嘟的小脸，胖乎乎的小手，好可爱的宝宝，让阿姨亲一口！”很多人会以这样的方式表达对新生宝宝的喜爱。但是，这种探视方式是不妥当的。分娩后的产妇和刚出生的宝宝都需要静养，亲友最好不要在这时候来探望。特别在疾病流行的季节，这种“爱的表达方式”可能会使宝宝遭受一些不必要的病痛之苦。

儿科医生表示，冬季是感冒的高发季节，父母不要随意吻宝宝和触摸其脸。当然也应尽量避免别的亲朋好友这样做。因为吻宝宝和抚摸其脸，病菌很有可能会通过手、口传播给宝宝。这些病菌对大人或许根本不算什么，但是对免疫力尚未完善的婴幼儿，“杀伤力”要强很多。另外，在抚摸时，大人离宝宝很近，说话时口中喷出的飞沫也会让宝宝染上感冒，对新生宝宝尤其要注意。

新生宝宝的居住环境要空气新鲜，安静舒适，远离感染源。过多探视，对新妈妈产后恢复也不利，休息不好，乳汁分泌就减少，给母乳喂养带来困难。因此，作为丈夫，要礼貌地婉拒亲友的过多探视。

## 预防超重，避开喂养误区

新妈妈总会担心自己的宝宝没有吃饱，不如别家的宝宝胖，所以在喂养方面都会给宝宝加量。殊不知，这样的喂养方式很容易使宝宝超重。新手妈妈在喂养方面要避开两个误区：

### 哺乳妈妈大补特补

母乳喂养的妈妈总是担心宝宝的营养摄取不足，所以自己常常鸡、鸭、鱼、肉、蛋、奶，样样齐全，稍不注意就会超量摄入，从而造成乳汁中营养过剩，尤其是脂肪含量增加，引起宝宝超重。所以，母乳喂养的妈妈更应该均衡饮食，这样宝宝在吸收多种营养成分时，还能避免体重超标。

### 频繁喂奶宝宝才会吃饱

婴幼儿无自控能力，饮食是否有节制常常取决于父母的喂养方式。人工喂养的宝宝，合理掌握喂养量是很重要的。有些父母缺乏喂养经验，宝宝一哭就认为是饿了，于是立刻喂奶。长此以往，宝宝的胃口就被撑大了，摄入的必然多于身体自身需要的，加之宝宝运动量又小，超重就逐渐形成了。此外，频繁喂奶还可导致婴幼儿喂养不耐受、消化不良。

# Part3

## 1～2个月：脱离新生儿期

满月的宝宝脱离了新生儿期，渐渐适应了宫外的生存环境，变得更加惹人喜爱。特别是皮肤，变得更加白嫩、光滑，富有弹性，皮下脂肪增厚，胎毛、胎脂减少，头形滚圆。吸吮力也在增强，每次吸吮时间逐渐缩短，吃奶间隔时间逐渐延长，表情更加丰富，对爸爸妈妈的依赖性增加，常常喜欢被爸爸妈妈抱着睡。

# 育儿须知

## 如何呵护宝宝的“粮袋”

妈妈的乳房是宝宝的“粮袋”，1~2个月宝宝吸吮力增强，对乳头吸力增大，如果妈妈不注意呵护，容易患上乳头皲裂、乳腺炎等疾病，不仅妈妈疼痛难忍，宝宝更是断了粮食，那问题可就大啦。因此，妈妈应好好呵护自己的乳房——宝宝的“粮袋”。

（1）给宝宝哺乳之前，妈妈应洗净双手，最好用温水擦洗乳房乳头，清除乳房与衣服接触时可能沾染上的细菌，以保证宝宝的健康。每次给宝宝喂完奶后，也可用温水擦洗乳头、乳晕及其周围部分，以清除可能婴儿吸吮乳房时由口腔传播出来的细菌，保证乳房的清洁。擦洗完后，妈妈要在乳头上涂一点奶液，晾干后再放下胸罩。胸罩不宜过紧，以免对乳头过分摩擦。

（2）每次给宝宝喂完奶后，如果宝宝未能将全部乳汁吸尽，妈妈可用手轻轻揉挤，将剩下的乳汁排净，防止乳汁淤积而导致导管堵塞出现乳腺炎。不哺乳时，应戴上合适的乳罩，将乳房向上托起，防止乳房下垂阻塞导管，以保证乳房血液循环的通畅。

（3）不要用香皂类清洁剂清洗乳房和乳头，否则容易除去皮肤表面的保护层，碱化乳房局部皮肤，不利于乳房局部酸化，从而使乳头变

得又干又硬且容易皲裂。同时，皮肤表面的“碱化”为碱性菌群的生长创造了条件，时间一长可能导致乳房发炎，从而增加了哺乳时的痛苦，甚至不得不采用人工喂养。

## 特殊情况，挤奶要领应把握

宝宝的健康成长是每个父母的希望，大家都知道母乳喂养好，让宝宝直接吸吮妈妈乳头既方便又卫生。但事与愿违，在喂养的过程中常常会发生始料未及的事情。如妈妈的乳头凹陷，宝宝吸不住乳头；宝宝生病吸吮力量不足；宝宝拒绝吸吮，妈妈奶胀需解除乳腺管堵塞或乳汁淤积；妈妈乳头皲裂或生病；妈妈工作和外出；宝宝有先天性口腔畸形如兔唇、腭裂等。宝宝吃不上奶，妈妈肯定更加着急。这些情况下，妈妈就需要自己挤奶，将奶放入奶瓶中喂宝宝。

哺乳妈妈掌握正确的挤奶方法，才可轻松“出奶”。那么，妈妈应如何正确挤奶呢？

（1）妈妈应先洗干净双手，采用自己认为舒适的体位，并将盛奶容器靠近乳房。将拇指放在乳头及乳晕的上方，食指放在乳头及乳晕的下方，与拇指相对，其他手指则托住乳房。

（2）用拇指及食指向胸壁方向轻轻下压，注意不可压得太深，否则会使乳腺导管因受压而引起阻塞。压力应作用在乳晕下方的乳房上，即拇指及食指所压部位须在乳晕深面的乳窦上。反复动作一压一放。

挤奶时要注意：首次不一定有奶挤出，挤压数次后自然就会有奶滴下。手指围绕乳头顺次做圆周转移，以从各个方向按照同样方法挤压乳房，务必使乳房前方每一个乳窦的乳汁都被挤出。在每次压乳晕时，手指不应有滑动或摩擦式或其他类似滚动式的动作出现，不要挤压乳头，因为挤压或者牵拉乳头都不会出奶，同样道理，宝宝如果仅吸吮乳头亦同样不会有奶被吸出。通常一侧乳房经挤压3～5分钟后，乳汁就会明显减少，这时可挤另一侧乳房，如此反复多次。

## 夏季谨防痱子“缠”上宝宝

一到夏天，痱子就成了父母们最恨的一种皮肤病。因为很多宝宝会长痱子，不仅难受，而且还会抓挠发生感染。为了让宝宝能安稳度过炎热夏季，育儿专家告诉你防“痱”小秘方，相信你的宝宝从此会高枕而无忧。

（1）保持室内通风散热，以减少出汗和利于汗液蒸发。

（2）衣服宜宽大，便于汗蒸发并及时更换汗湿衣服。

（3）避免抓挠，防止继发感染。

（4）经常保持皮肤清洁干燥，常用干毛巾擦汗或用温水洗澡后扑粉剂。

（5）不要一直把宝宝抱在怀里，以免宝宝受热，汗液不能很快蒸发。

此外，在痱子的防治方面，民间还总结出许多有效方法，值得借鉴。如将西瓜皮洗净切片熬汤，或制作菜肴，长期食用，对预防痱子有良好的效果；将绿豆、赤豆、黑豆熬煮成汤，就是中医称的“三豆汤”，有清热解毒、健脾利湿的功效；还可以试试艾叶，将艾叶洗干净，再加大量的水熬煮30分钟后，用熬出来的艾叶水给孩子洗澡，不但可以预防和治疗痱子，还能防止其他夏季皮肤病的发生。

## 洗澡、修甲，小细节大文章

给满月的宝宝洗澡，可以不采用一部分一部分地洗，这个月龄，

可以把宝宝完全放在浴盆中，但要注意水的深度不宜超过宝宝的腹部，水的温度要保持在38℃左右。在没有水温计的情况下，妈妈可以用手腕部或手背部试一下，感到热但不烫就正好，如果感到不凉或温水就说明水温不够，需要再添点热水。

洗澡时间不宜过长，以5～15分钟最佳，一般不要超过15分钟。给宝宝洗澡，不宜每次都用洗发剂，一般1周使用2～3次就可以了。更不宜使用香皂，1周使用1次宝宝浴液就可以了，但一定要用清水把浴液冲洗干净。

洗澡后不宜马上给宝宝喂奶，最好过10分钟左右再喂，因为洗澡时宝宝外围血管扩张，内脏血液供应相对减少，这时马上喂奶，会使血液马上向胃肠道转移，使皮肤血液减少，皮肤温度下降，宝宝就会感到冷，甚至发抖。而消化道也不能马上有充足的血液供应，会因此影响宝宝的消化功能。

1～2个月的宝宝还没有主动运用自己双手的能力，经常无意识地乱抓，在自己的脸上、身上留下道道伤痕，当指甲较长时更为严重。宝宝虽然与外界接触较少，但只要室内有灰尘，指甲就可成为污垢的藏身之处，若再抓伤皮肤容易造成继发感染。另外，宝宝常将小手放在嘴里吸吮，很容易将指甲的污垢吃进去，引起胃肠道疾病，所以要间隔1周左右就要给宝宝剪一次指甲。剪指甲时要注意以下几点：

（1）要在宝宝不动的时候剪，最好等孩子熟睡时剪。

（2）由于宝宝的指甲很小，很难剪，所以尽量用细小的剪刀来剪，剪得不要太多，以免剪伤皮肤。

（3）宝宝喜欢用手抓挠脸部和身上其他部位，往往会抓破皮肤，所以剪指甲时不要留角，要剪得圆滑。

# 吃出健康

## 冲奶粉顺序：先放水，再放奶粉

冲奶粉给宝宝吃，很多新手父母不注意放水和奶粉的顺序问题，或者认为冲奶粉不存在顺序问题。育婴专家提醒，冲奶粉应先放水再放奶粉，切忌先加奶粉后加水。

冲调奶粉的水必须完全煮沸，且先把水温调到合适，以37℃左右最为适宜，水温过高会使奶粉中的乳清蛋白产生凝块，影响消化吸收，还可能破坏奶粉中添加的免疫活性物质。将准备好的37℃的热水2/3的量倒入奶瓶中，用汤匙加入适量奶粉。晃动奶瓶，让配方奶粉充分溶化，不要结块。再把剩余的1/3热水加入奶瓶中，盖上奶瓶盖后再轻轻晃动一次，直至配方奶粉彻底溶化。

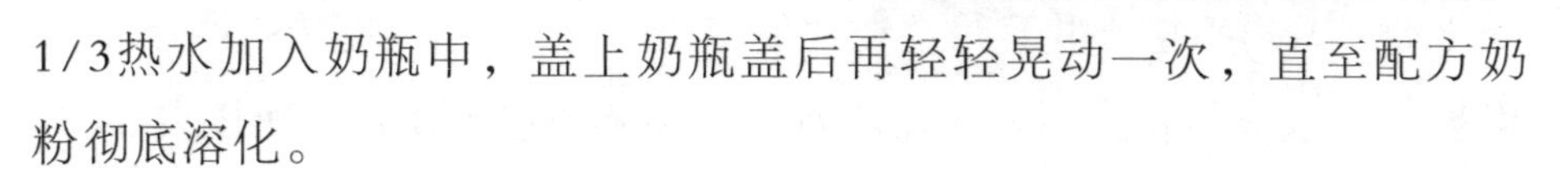

此外，给宝宝冲奶粉就不得不说一说奶瓶的使用和选择，0～3个月宝宝所用奶瓶以宽口径直立式玻璃制品为宜，便于洗刷消毒，通常准备数个，每天煮沸消毒1次，每次喂哺用1个；也可选用硅胶材质奶瓶，可耐高温，使用寿命长，消毒方便；奶嘴材质以触感柔软、弹性佳为宜，且一定要买通过国家安全标准的；奶嘴也可多购置几个，3个月更换一次。

喂奶完毕，一定要彻底清洗、消毒奶具。可将奶瓶和其他喂奶工具放入一口专用的深锅中，并完全浸没在水中，煮沸15～20分钟，然后放在干净的地方风干，放进一个清洁有盖的容器中存放，准备下次再用。

## 当心：这四种情况不宜喂奶

### 妈妈生气时

人在生气时，体内就分泌出有害物质。若“有毒”乳汁经常被婴儿吸入，就会影响其心、肝、脾、肾等重要脏器的功能，使孩子的抗病能力下降，消化功能减退，生长发育迟滞。还会使孩子中毒而长疖疮，甚至发生各种病变。

在哺乳期妈妈要学会调整情绪，并保持良好的心态，尽量做到不生气、少发火。哺乳期妈妈一旦发怒生气，切勿在生气时（或刚生完气）给孩子喂奶，以免影响宝宝健康。如要哺乳，最少要过半天或一天，还要挤出一部分乳汁，再用干净的布擦干乳头后哺乳。

### 妈妈运动后

人在运动中体内会产生乳酸，乳酸潴留于血液中会使乳汁变味，宝宝也不爱吃。据测试，一般中等强度以上的运动即可产生这种状况，故肩负喂奶重任的妈妈，最好是做一些温和的运动，运动结束后要先休息一会儿才可以喂奶。

### 穿工作服喂奶

妈妈穿着工作服喂奶也会给宝宝招来麻烦。工作服上往往沾有很多肉眼看不见的病毒、细菌和其他有害物质，在职的妈妈应先脱下工作服并洗净双手后再给宝宝喂奶。

### 着浓妆喂奶

母亲身上的体味对宝宝有着特殊的吸引力，并可激发出愉悦的“进餐”情绪，既使刚出生的宝宝，也能将头转向母亲气味的方向寻找奶头。如果妈妈浓妆艳抹，浓郁的化妆品气味掩盖了熟悉的母体气味，则会致使宝宝难以适应而情绪低落、食量下降、妨碍发育，甚至易让宝宝与妈妈接触时吃下一些化妆品。

## 注意：这些情况下宝宝已吃饱了

母乳喂养的宝宝，妈妈不太好掌握宝宝到底吃了多少奶水，宝宝是吃得太多还是不够。正常婴儿哺乳时间是每侧乳房10分钟，两侧20分钟已足够了。但有时宝宝吸奶时是在干吸，并没有下咽奶水，这些干吸的时间，对于判断宝宝的吃奶量多少是没有用的，而真正有用的是看宝宝吞咽奶水的时间，尤其是新妈妈刚开始喂奶的时候，宝宝吸吮的时间多，吞咽的少，所以仅用宝宝吃奶时间来衡量吃奶量的多少并不准确。

每次喂奶时妈妈要多观察宝宝的表现，以防止喂得太多或太少。如果宝宝还表现出饿的样子，就应该让宝宝继续吃。如果宝宝是在大口大口吞咽过程中把乳头吐出来，这有可能是宝宝累了，要让他喘口气，才能接着吃。如果是宝宝干吮，吞咽很少的时候吐出来，这表示宝宝要么吃饱了，要么需要拍嗝。吃饱了的宝宝通常会漫不经心，吸吮力减弱，这时就可以停喂了。

# 练出聪明

## 语言训练：多和宝宝说“悄悄话”

尽管1～2个月的宝宝大部分时间都在吃和睡，但与宝宝交谈绝不是毫无意义的事。研究证明，宝宝出生后7天就已经能注意到大人说话的声音，还会朝着发出说话声音的方向转头。如果你能够全神贯注地与宝宝交谈，满足他与生俱来的交流愿望，那么对宝宝的智力发育是有很大帮助的，你可以从以下几个方面来帮助宝宝：

（1）常常抱着宝宝，轻声和他说话，观察他的反应。

（2）仔细辨听宝宝的哭声，尽快学会辨别宝宝表达不同需求的哭声，这对母婴双方都很重要。

（3）在安抚哭闹的宝宝时，一定要与他说话，用你的动作和温柔的声音告诉他，你已经知道了他的意思。

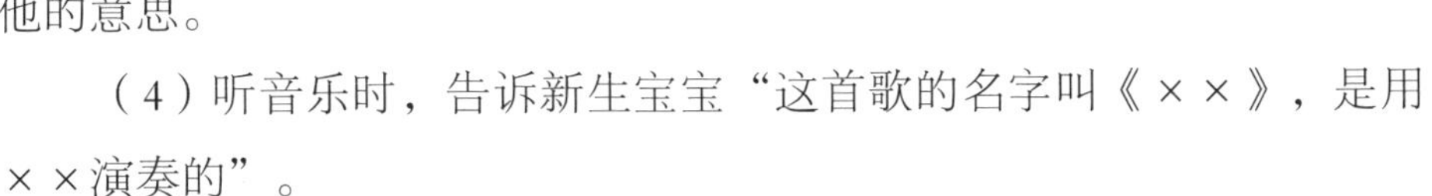

（4）听音乐时，告诉新生宝宝“这首歌的名字叫《××》，是用××演奏的”。

（5）宝宝刚睡醒时，问宝宝“梦到妈妈了吗？妈妈好爱你啊”。

这些“悄悄话”都可以让宝宝储存标准、丰富的语言信息，有利于宝宝语言能力的发展，同时也能促进母子之间的情感交流。

## 情感训练：宝宝不会笑，是你不会逗

宝宝的笑是春天的叶子、夏天的风、秋天的凉意和冬天的收获。他的笑更是来自心灵深处，是对快乐的一种真实表达。每每听到宝宝发出咯咯的笑声时，你是否觉得这是世界上最动听的笑声，也是最温馨的表达。专家说，宝宝越早被逗笑就越聪明，因为大脑能早日形成条件反射的回路，就能随着进入的信息建立更多的条件反射。所以，作为父母要多逗宝宝笑，让宝宝更早地站在起跑线上。

在宝宝面前走过时，要轻轻抚摸或亲吻宝宝的鼻子或脸蛋，并笑着对他说“宝宝笑一个”，也可用语言或带响的玩具引逗宝宝，或轻轻挠他的肚皮，引起他挥手蹬脚，甚至咿咿呀呀发声，或发出咯咯笑声。注意观察哪一种动作最易引起宝宝大笑，经常有意重复这种动作，使宝宝高兴而大声地笑。这种条件反射是有益的学习，可以逐渐扩展，使宝宝对多种动作都大声快乐地笑。经常快乐的宝宝招人喜欢，长大了也很合群，是具有良好性格的开端。当宝宝哭时，看是不是饿了，尿布是不是湿了，身体是不是不舒服等，倘若因为寻找大人而哭，妈妈要面带微笑地对宝宝说话，比如说“宝宝想妈妈了，妈妈在这儿呢”，并且边说边爱抚他，使宝宝感到舒适、愉快、安全，这样在听到大人声音后很快就能安静下来。

## 听觉训练：给宝宝唱你喜欢的摇篮曲

1~2个月，宝宝白天醒着的时间长了，你可以利用这些时间给宝宝唱唱你喜欢的摇篮曲，或者放些音乐。你不必局限于儿歌，只要音律优美的曲子都可以，但不可节奏太强或听起来像噪声。你可以从宝宝的咕咕声、咂嘴声和他使劲晃动小胳膊小腿的动作中，看到音乐带给他的快乐。

你的宝宝可能也很喜欢风铃的叮当声或钟表的嘀嗒声。给宝宝听

的声音的种类越多，效果就越明显。最后你会发现宝宝对某类音乐更有反应，表现出更喜欢，久而久之，他就会形成自己的音乐爱好了。

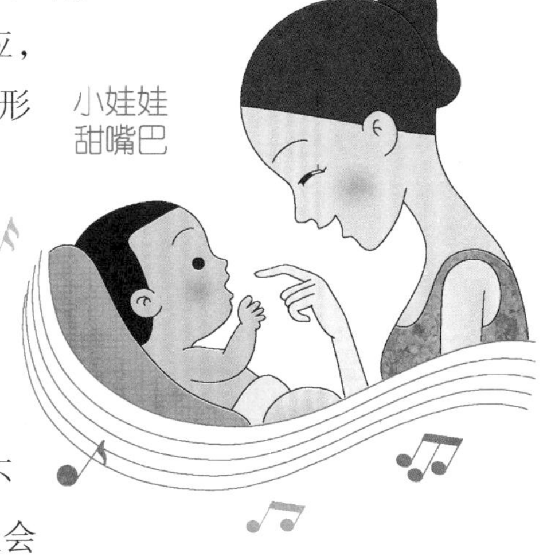


但是，你也不必整天给宝宝放音乐，不停地刺激他。1~2个月宝宝也需要安静的时候。受到过度刺激的宝宝可能会开始哭闹，会扭头转身，表示他不喜欢了，或者变得紧张起来。他还会不耐烦地弓起背来，并且容易发脾气。在开始下一段音乐之前，应给你的小宝宝一些时间让他安静一下。

## 视觉训练：让宝宝关注周围的事物

1 ~2个月宝宝能清楚看到20厘米左右距离的物品，太远或太近虽然也可以看到，但无法看清楚。因此，在锻炼宝宝注视静物时，最有效的方法就是妈妈抱起宝宝，让他观看墙上的图画，桌子上的鲜花，鲜艳洁净的苹果、梨、香蕉等。另外，妈妈对宝宝说话时，眼睛要注视着宝宝。这样，宝宝也会一直看着妈妈，这既是一种注视力的锻炼，也是母子之间无声的交流。由于宝宝喜欢明亮及对比强烈的色彩，所以要给宝宝看一些色彩鲜艳、构图简明的图片，如小朋友、小动物和其他构图简单的玩具等。你还可以在宝宝床的上方或两侧，挂一些悬挂物。

# 走出误区

## 含着乳头睡觉，暗藏危机

宝宝含着乳头睡觉是一种很常见的现象，其实这种喂奶方式是十分错误的。尤其是在晚上，妈妈躺着喂奶，不知不觉睡着了，而宝宝还在吸吮乳头，即使宝宝已入睡，嘴里也含着乳头，这种喂奶方式会带来以下问题：

（1）含着乳头睡觉，宝宝在睡觉中时有吸吮动作，通常可吸出乳汁，而处于深睡状态的婴儿，吞咽反应差，当乳汁进入咽喉部时，轻者引起呛奶，重者吸入气管，易发生吸入性肺炎或窒息，甚至可因窒息而死亡。

（2）新妈妈乳头皮肤娇嫩、干燥，每天要经受10多次婴儿潮湿的口腔吸吮，如果宝宝经常含着乳头睡觉，这种浸泡和口腔的摩擦易造成乳头皮肤皲裂。

（3）婴儿有可能因吸吮空乳头而咽下过多空气，引起呕吐或腹痛，而且含乳头睡觉的习惯一经形成，日后断奶也非常困难。

（4）长期含着空乳头睡觉，可影响宝宝上下颌骨的发育，使嘴变形。

## 喂水视具体情况而定，别守老规矩

是否给宝宝喂水应根据实际情况来分别对待。

（1）母乳喂养的宝宝，不必喂水，因为母乳内含有正常宝宝所需的水分。如果宝宝口渴，也应该让宝宝吸吮母乳。这样可以使宝宝从母

乳中得到较多的所需要的水分和营养物质，而且频繁吸吮也会增加母乳的分泌量。

（2）人工喂养的宝宝，尤其是牛乳喂养的，因牛乳中含有过多的盐分，故需要额外增加水分。

（3）腹泻的宝宝，需要口服补液，必须多喂水。当腹泻停止时，就要停止所增加的喂水量。

传统观点认为，每天在宝宝吃奶的间隙应该喂1～2次水，每次喂上10毫升，实际上并不需要这样做，宝宝吃的奶水中所含的水分足以满足他的日常需要。在宝宝发热的时候，或者在特别热的天气里，尤其是当宝宝的尿颜色很深，而且看上去特别口渴的时候，给宝宝补充水是很重要的。即使宝宝平时不爱喝水，在这些情况下他也会喝的。

有些妈妈发现，在水中掺入一点儿果汁，宝宝就更爱喝。实际上，有很多宝宝从1～2周开始到大约1周岁的时候，根本就不需要专门补充水。在这个阶段，他们比较喜欢有营养的东西，给他喝白水他会很生气。如果你的宝宝喜欢喝水，那就一定要喂他喝，而且每天要喂几次。应该在他醒了以后的两次吃奶之间喂水，千万不要在吃奶之前喂，他想喝多少就喂多少。但是一般情况下，他一次喝不了两盎司（约56毫升）。如果他不想喝水，切不可强迫他喝。

## 剃胎发，不是给宝宝“锦上添花”

宝宝满月了，热心的邻家阿婆一定会让你给宝宝剃个满月头，说是剃光后，将来孩子的头发就会长得又黑又密。这时的你心动了吗？结果又怎样呢？

在儿童保健门诊，曾见过这样的情景：一位年轻的父亲带着儿子来询问，说孩子出生时头发特别稀少，为此从满月开始剃了好几次光头，但效果仍不理想，不知怎么办才好。

其实，在现实生活中，剃光头的现象并不少见，家长的本意都是想让孩子“锦上添花”。但结果却事与愿违，这是为什么呢？

胎发的多少存在个体差异，有的宝宝多一些，有的则少一些。但在幼儿园里、在马路上，看不到一个脱发的孩子，说明即使胎发较少，长大后也会有所改观，家长大可不必“剃”发助长。

曾经遇到宝宝因剃胎发、刮光头而不幸患上败血症丧命的病例。因为用锋利的刀未经过仔细消毒，刀口上的细菌就会进入皮肤伤痕处，再进入血液，导致败血症。年轻的家长们，不要把无形的杀手误当成锦上添花，切记，做任何事都应三思而后行。

Part 4

## 2~3个月：开始学翻身

这个月龄的宝宝开始有了第一个大动作——翻身。翻身虽然只是一下子的动作，可这对宝宝来说却是体能发育成长的一个里程碑。当然，这个时期的宝宝翻身动作还不够麻利，常常是上身翻过去了，臀部以下却还处于仰卧位。所以，细心的爸爸妈妈往往能看到宝宝要翻身的信号，这时如果能及时给点助力，便会使宝宝更容易掌握翻身的要领。当然，这个阶段的宝宝也会发出欢快的笑声，似乎是在“咿呀”学语。

# 育儿须知

## 母乳不足的自判“金标准”

### 从体重判断

母乳量足的宝宝平均每周增长150克左右，2～3个月内宝宝每周增加200克左右。

### 从哺乳次数判断

出生1～2个月的婴儿每天哺乳6～12次，3个月的婴儿喂6～8次。如少于以上次数，则可能是母乳不够。

### 从排泄情况判断

婴儿小便次数是否每日在6次以上，如在6次以上说明进食母乳量足够，而少于6次则可能不足；大便次数多而量少，或每日一次量大质软，均系母乳量够吃；如大便次数少而量又不多者，则需要考虑是不是没吃饱。

### 从睡眠判断

母乳足的婴儿出生1～2月内，每两次哺乳之间，入睡1～3小时，3个月婴儿常见吸吮中入睡，直至自发放下乳头；而母乳不足的婴儿则入睡时间短，不愿放下乳头。

### 从神情判断

母乳量足的婴儿眼睛明亮、反应灵敏、皮肤弹性好；而母乳不够的则无以上神情表现，且烦躁不安、爱哭等。

## 宝宝的鼻子，应给予专家级的护理

宝宝还小，只会用嘴呼吸，也不会自己擤鼻涕，鼻子堵了会很难受。因此，要时常替小宝宝清鼻子才能使他们的呼吸顺畅。那么，如何帮宝宝清洁鼻子呢？

### 用小棉条清洗

可以每天用蘸有生理盐水的棉条给宝宝清洗鼻子。把棉条放入一个鼻孔，轻轻地转几下，然后拉出来。即使什么东西都没有带出来，这种方法也会引起宝宝打喷嚏，让他擤出鼻涕。棉条不要太细，生理盐水也不能过多，否则不利于清洗出小的鼻屎。

### 用生理盐水清洗

如果宝宝鼻涕比较多，则可以用生理盐水一天多次地清洗宝宝的鼻子。让宝宝躺下，站在他的一侧，让宝宝的头斜对着你。左手抓住宝宝的胳膊，右手用小吸管或小棉签吸满生理盐水，在其鼻孔里面滴入几滴。用同样的方法处理另一只鼻孔。不要将吸管里剩余的盐水再挤入瓶里，否则就会把细菌带进溶液里。

### 使用宝宝吸鼻器

将吸鼻器的圆头放在宝宝的鼻孔处，轻轻捏动吸鼻器，将黏液吸出来。对2个月以下的宝宝要特别小心，因为宝宝鼻腔壁非常脆弱，放入和拿出时动作要非常轻柔。另外还要注意卫生，每次使用之后都要消毒。

### 借助滴鼻液或喷雾剂

用喷雾剂时，要选择宝宝专用的锥形圆头喷雾剂。让宝宝的头侧向一边，将喷头放在上面的鼻孔处，将瓶子立起来，对准鼻腔，喷出药物。过2～3秒，黏液就会从鼻孔流出。等流干净后，再用同样方法清洗另一鼻孔。

## 用双手传递你的爱，给宝宝按摩

许多人都知道按摩能够建立宝宝的安全感和自信心，许多科学研究结果也表明，按摩对于宝宝的身心健康发展是十分必要的。受到按摩的宝宝会更加活跃，而且更加容易长高长大。这时，你不妨考虑一下用以下按摩方式来增进亲子关系。

### 按摩宝宝的胃

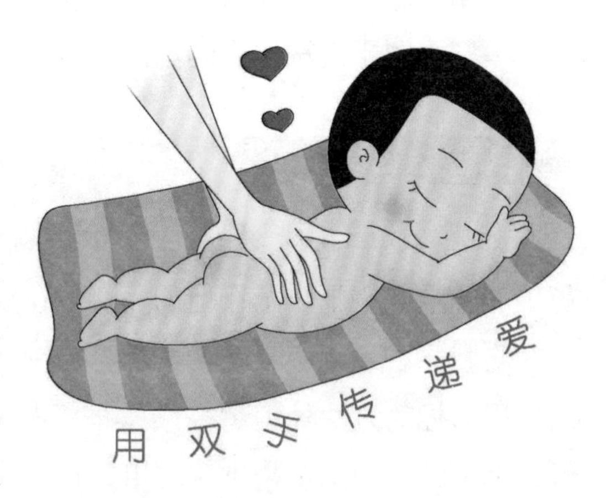


面对宝宝，然后用你的手指从他腹部左边按摩到右边，既可以打圈也可以用弧形的手法，这种方法能够帮助孩子消化和排出气体。千万不要用反方向，否则可能会引起宝宝便秘。促进宝宝排放气体可能会有点痛，所以注意动作一定要轻柔，这样也有利于宝宝的下咽。你可以在宝宝每次吃奶之前按摩几分钟，如果在宝宝睡之前进行按摩也有助于提高其睡眠质量。

### 用按摩抚慰宝宝

如果遇到宝宝特别烦躁，不停地哭闹，你完全没有办法去哄他的时候，可以尝试按摩他的脚。用可食用的油，擦热双手然后按摩宝宝的其中一只脚，之后按摩另外一只脚。但要注意，如果你按摩得过快，会过度刺激宝宝，还可能造成宝宝进一步的哭闹。你在按摩的时候可以小声唱歌，还可以把他的双脚都握在手里唱歌。

## 男女有别，宝宝阴部护理应区别对待

由于这个月龄的宝宝还小，所以许多年轻父母在护理宝宝的时候，常常会忽略宝宝的阴部。但宝宝的阴部护理是非常重要的，它决定着宝宝一生的健康。

宝宝阴部护理

### 男宝宝会阴部的居家护理

男宝宝会阴部由于阴囊、阴茎皮肤皱褶多，汗腺多，分泌力强，大量的汗液、尿液及粪便残渣易污染到阴茎、阴囊和会阴区，如果通风不畅，容易导致细菌等微生物的繁殖。另外，阴茎头部冠状沟内相当容易积淀脏物，形成白色甚至紫黑色的“包皮垢”。包皮垢是细菌繁殖的温床，它很容易导致包皮和阴茎头发炎。所以，在清洗男宝宝会阴部时，可以分为以下三步：

（1）宝宝大便后要把肛门周围擦干净，把柔软的小毛巾用温水蘸湿，擦干净肛门周围的脏东西。

（2）用手把“小鸡鸡”扶直，轻轻擦拭根部和里面容易藏污纳垢的地方，但不要太用力，可以把小毛巾叠成小方块，然后用折叠的边缘横着擦拭。

（3）阴囊表面的皱褶里也是很容易聚集污垢的，妈妈可以用手指将皱褶展开后擦拭，待宝宝生殖器完全晾干后再换上干净、透气的尿布。

## 女宝宝会阴部的居家护理

女宝宝的阴道本身有一种自净能力，这是因为阴道上皮细胞内含有丰富糖原，这种糖原由寄生在阴道内的阴道杆菌分解而生成乳酸，乳酸使阴道内成酸性环境，可防止许多致病菌的繁殖。但是阴道总是藏在内裤或者尿布创造的黑暗中，容易受大小便残留的液体、残渣污染，所以女宝宝阴部光靠自净显然是不够的。

在清洗女宝宝会阴部的时候，要注意顺序，要从上至下、从前至后清洁，只要用软毛巾轻轻清洗外部阴道口就可以了，千万不要洗里面，弄不好还会让阴部娇嫩的皮肤受伤，洗过以后要及时擦干水分，让阴部时刻保持干净清爽；用湿毛巾慢慢地将小阴唇周围的脏东西擦掉，即使是小便后也要擦干净，可以将毛巾叠成细长条，然后在小阴唇的沟里滑动擦拭，也可以用在超市里买的棉签，蘸水轻轻地擦拭；大腿根部的夹缝里也很容易藏有污垢，妈妈可以用一只手将夹缝拨开，然后用另一只手轻轻擦拭，等小屁股完全晾干后再使用尿布。

# 吃出健康

## 哺乳妈妈的饮食要兼顾宝宝健康

哺乳妈妈摄取营养均衡，才能身体健康，同时供给宝宝充足而优质的乳汁。另外，哺乳妈妈也要注意一些饮食细节，否则会影响宝宝的成长和发育。

（1）宝宝烦躁哭闹可能与妈妈吃的食物有关。有的妈妈吃了某种食物后，宝宝吃完奶后就会烦躁，这是因为食物中的某些物质排入乳汁。任何食物都有可能引起上述现象，但无法明确哪些食物母亲不能吃，只能靠自己多加注意。

（2）妈妈进食寒凉食物，宝宝就会吐奶。如果宝宝出生后给哺乳就吐奶，则说明宝宝在母体内受了寒凉，是妈妈在怀孕期间吃了太多寒凉食物造成的。其是母乳喂养，妈妈的饮食习惯必须要改，不能再吃寒凉食物。当宝宝吐奶频繁时，妈妈就要多吃温热属性的食物，如黄鳝、牛肉等，宝宝吐奶的次数就会越来越少。

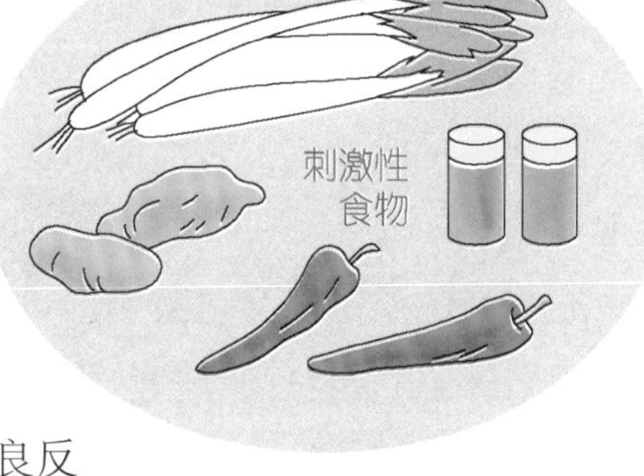


（3）有的宝宝对乳制品、海鲜、干果、刺激性食物（辣椒、蒜、洋葱等）比较敏感，妈妈摄入后，通过母乳使得宝宝产生不良反应，出现湿疹、烦躁、咳嗽、流涕等症状。妈妈要仔细观察宝宝，看宝宝是否有过敏现象，同时对照调整自己的饮食。

（4）哺乳妈妈需要特别禁忌入口的东西包括过量的酒精、咖啡因以及某些治疗严重疾病的强烈药物。

## 母乳喂养的宝宝不宜添加过多配方奶

母乳喂养的宝宝，若需要给宝宝添加配方奶时，不要补充太多。尝试添加时，可以先准备120毫升配方奶，如果宝宝一次都喝光，好像还不饱，下次可冲150毫升，如果吃得好像还不够，则不能再添加，因为150毫升是这个月的上限。如果宝宝喝不了120毫升，下次要减量。不要让宝宝一次喝配方奶过多，否则会影响下次母乳喂养，也会使宝宝消化不良。

如果每天加一次配方奶，宝宝仍饿得哭，体重增长不理想，可以一天加2次或3次。但是，过量添加配方奶，也会影响母乳分泌。

## 人工喂养的宝宝不宜频繁换奶粉

育儿专家认为，宝宝在婴儿期是不适合频繁换奶的。由于宝宝的消化系统发育尚不充分，对于不同食物的消化需要一段时间来适应，因此父母千万不可给宝宝频繁换奶粉。否则，可导致宝宝腹泻或出现其他不适反应。

也许有的父母以为“换奶”只是在不同牌子的奶粉间互相转换。其实，相同的牌子，不同的阶段之间的奶粉，或同一牌子，相同阶段，但不同产地的奶粉的变化也都属于“换奶”。父母需要特别小心。

给宝宝换奶要循序渐进，不要过于心急，整个过程可历时1～2周，让宝宝有个适应的过程。此外，换奶应在宝宝健康正常情况时进行，没有腹泻、发热、感冒等，接种疫苗期间也最好不要换奶。

那么如何判断宝宝是否“换奶”成功呢？“换奶不适”又会有什么症状呢？一般来说，宝宝出现“换奶不适”通常会腹泻、呕吐、不爱吃奶、便秘、哭闹、过敏等。其中腹泻最为严重，而过敏则表现为皮肤痒，出红疹，父母在给宝宝换奶的过程中要注意观察宝宝的适应状况。

## 人工喂养，关注奶温很重要

人工喂养宝宝，如果配方奶奶温太高是不适宜的，因为宝宝的口腔黏膜薄嫩，奶过烫，就容易引起黏膜的损伤，影响宝宝的食欲；奶温度过低，会影响宝宝肠道的蠕动功能，出现消化不良、腹泻等情况。所以，在喂奶前一定要试一下温度是否合适，最常用的方法就是把奶汁滴到手背上或把奶瓶挨到脸上，如感到不冷不热，与皮肤的温度相似就比较适宜。

### 用手腕感觉

手腕的温度感觉比手背灵敏得多，可将牛奶先滴几滴在手腕上试试，如果手腕部皮肤感到奶滴不冷不热或略微偏温，说明牛奶温度与体温相近，奶温是合适的。

### 用面颊感觉

把盛有牛奶的奶瓶摇匀，片刻后贴在面颊上，如果不感到烫或冷，说明与体温相近，可以用来喂宝宝。

# 练出聪明

## 语言训练：快乐是宝宝发音的动力

研究人员认为，2～3个月的宝宝已能够明白母语中所有的基本发音了。儿童发育专家认为，宝宝3个月是语言发展的自发发音阶段，是宝宝学习说话的准备阶段，这时家长可以在宝宝情绪好时，用愉快的口气和亲切温柔的声音，面对着宝宝，试着对他发单个韵母a（啊）、o（喔）、u（呜）、e（鹅）的音，逗着孩子笑一笑，玩一会儿，以刺激他发出声音。一旦引逗孩子主动发音，大人就要用“呃”、“啊”之声与其应答，并且要富有感情地称赞他，亲热地抚摸他，以示鼓励，这也是帮助他树立自尊心的重要途径。宝宝会意识到，他说的话能引起你的反应了。为了让他有快乐的情绪，作为家长的你要在宝宝面前经常张口、吐舌或做多种表情，使宝宝逐渐会模仿面部动作或微笑。

## 动作训练：让宝宝与水亲密接触

洗澡不仅是为了给宝宝清洁皮肤，同时也可以成为一个下意识的、令人激动的学习机会。在为宝宝洗澡时，指出他身上的各种构造，形容你在做的动作："我现在洗你的手，你的手指攥得好紧哦！松开你的手，让我洗洗你的小手指！"

专家提醒，给宝宝洗澡时注意不要用儿语，"松开你的手"不要说"松开你的'手手'"。因为做智能提升时，给宝宝的资讯就必须是完全正确的。"手手"是一个错误的资讯，所以就不要用。因为起初你跟宝宝在洗澡闲聊时，他不了解你在说什么，可不久他就会渐渐晓得"松开你的手"是什么意思了。预备好一些水中玩具，也可以用一些用品代替，如乒乓球、小毛巾、塑胶吸管、空的瓶子等会浮的东西。先在浴缸放水（宝宝坐下时水高至腰际），用一只手托住宝宝，使他在浴缸中坐稳。另一只手拍拍玩具，引起他注意："你看空瓶子要浮到你那里去了！"捡起玩具，让它从空中掉入水里："扑通！瓶子的声音好大！"在水中用手搅动，使玩具浮动："赶快抓它！瓶子要跑掉了！"宝宝第一次做这种智能提升活动时也许不会抓水中浮动的小玩具，但多做几次后，他就会用手去触摸浮到水中的玩具了。

## 听觉训练：宝宝最爱听妈妈的声音

妈妈的声音是宝宝最喜欢听的声音之一，这时妈妈可以用愉快、亲切、温柔的语调，面对面地和宝宝说话，可吸引宝宝注意成人说话的声音、表情、口形等，诱发宝宝良好、积极的情绪和发音的欲望。可选择不同旋律、速度、响度、曲调或不同乐器奏出的音乐或发声玩具，也可利用家中不同物体敲击声如钟表声、敲碗声等，或改变对宝宝说话的声调来训练小儿分辨各种声音。当然，不要突然发出过大的声音，以免宝宝受到惊吓。

专家说，利用宝宝安静的时光，更好地亲近宝宝——陪他说说话，给他唱唱歌，为他讲讲墙上的图画。尽管宝宝这时还插不上话，但其实他正在学习呢。

## 社交训练：给予宝宝社交满足

这一阶段宝宝的情绪处于良好的状态，明显比以前爱笑了，当宝宝看见妈妈时，脸上会露出微笑，并且还会高兴得手舞足蹈。当他看到妈妈的乳房和奶瓶时，会显得很兴奋。吃饱喝足的时候，他会独自在一旁玩，显得特别满足。专家表示，满足宝宝可逐渐让宝宝形成对各种生理需求的欲望，也是宝宝积极情绪产生的主要条件。因此，可让宝宝多接触一些同月龄的小朋友，这样可促进宝宝社交能力的形成和发展。

## 过早添加辅食，宝宝健康会打折

3个月以内的宝宝消化谷类食品的能力尚不完善，消化器官娇嫩，消化腺不发达，分泌功能差，许多消化酶尚未形成，此时还不具备消化辅食的功能。因此，这个月龄的宝宝不适宜进食米、面类食品，但可以添加一些自制的新鲜果汁。

如果在这个月龄就添加辅食，则会增加宝宝消化功能的负担，没能消化的辅食不是滞留在腹中“发酵”，造成便秘、腹胀、厌食，就是增加肠蠕动，使大便量和次数增加，最后导致腹泻。而且，米、面类食品中的植酸又会与母乳中含量并不多的铁结合而沉淀下来，从而影响宝宝对母乳中铁的吸收，容易引起缺铁性贫血。

此外，宝宝吃饱了米糊等食品，吸吮母乳的量就会相应减少，往往不能吸空妈妈乳房分泌的乳汁，致使母乳分泌量逐渐减少，很有可能导致母乳喂养失败。因此，3个月以内的宝宝应避免添加辅食。

## 给宝宝补充鱼肝油，远离三大雷区

鱼肝油是一种维生素类药物，主要含有维生素A和维生素D，常用来预防和治疗宝宝佝偻病和夜盲症。由于母乳中维生素D含量较低，所以宝宝一般从本月起就应添加鱼肝油，以促进钙、磷的代谢吸收。值得注意的是，维生素A、维生素D均为脂溶性维生素，与其他水溶性维生素如维生素$B_1$、维生素$B_2$等不同，过量摄入维生素A、维生素D不能被及时排出，而会在体内储存起来，进而产生毒性作用。鱼肝油由于剂型、产地及使用原材料的不同导致维生素A、维生素D含量有差别，在给宝宝添加鱼肝油时应避免踏入以下雷区：

● 广大父母要认识到鱼肝油不是滋补药品，不是用量越多越好，相反，过多摄入维生素A、维生素D有中毒的危险。因此，无论是用来预防还是治疗佝偻病或夜盲症，都要征求医生的意见，在医生的指导和监护下进行，正确选择剂型、用量及使用期限，以防过量。一般来说，宝宝每天服用鱼肝油最多不能超过800国际单位。

● 由于维生素A、维生素D的摄入及需要量受多种因素的影响，添加鱼肝油的量要根据宝宝月龄、户外活动情况以及摄入的食品种类而进行调整。一般来说，早产儿应提早添加鱼肝油，随月龄增长可适当增加用量。太阳光中的紫外线照射皮肤可产生维生素D，户外活动多者可以少用鱼肝油。另外，一些宝宝食品，已强化维生素A、维生素D，有规律食用这类辅食可以减少鱼肝油用量。

● 鱼肝油同时含有丰富的维生素A、维生素D，两者的功能及不良反应又各不相同，在治疗佝偻病或夜盲症时，因用量较大，时间较长，应分别使用单纯的维生素D或维生素A制剂，以免导致另一种维生素中毒。

Part5

## 3～4个月：进入非常招人喜欢的月龄

从宝宝出生那天起，每天都充满了令人兴奋的发现。那些看似普通的事物，对宝宝来讲，却是他征服世界的开始。这个月宝宝的外貌已经非常漂亮，眼睛特别有神，已经在尝试着“社交”了。如果你对他笑，他也会回报你一个欢快的笑。他会尝试着用各种方法与别人交流，咿咿呀呀地自言自语，含含糊糊地应答。

# 育儿须知

## 宝宝生病，妈妈喂药有妙招

做新妈妈，你也许会有这样的经历：宝宝生病了，却怎么也不愿吃药，父母一方喂得满头大汗、手足无措；宝宝那方却是哭得声嘶力竭、百般抗拒。最终，药还是没有喂成。

宝宝不肯吃药，是因为宝宝的味觉特别灵敏，对苦涩的药物往往反应强烈从而拒绝服用，或者服后即吐。因此，给宝宝喂药应掌握一些技巧。具体喂药方法应根据宝宝不同的月龄，灵活应用。前几个月的宝宝吸吮能力差，吞咽动作慢，喂药时应特别仔细。为了防止呛咳，可将宝宝的头与肩部适当抬高。先用拇指轻压宝宝的下唇，使其张口。有时抚摸宝宝的面颊，也会使他们张口。然后将药液吸入滴管或橡皮奶头内，利用宝宝吸吮的本能吸吮药液。服完药后再喂些水，尽量将口中的余药全部咽下。如果宝宝不肯咽下，则可用两指轻捏小儿的双颊，帮助其吞咽。服药后应该将宝宝抱起，轻拍背部，以排出胃内空气。另外，给宝宝喂药时，还应注意以下几点：

（1）不要在宝宝哭闹时喂药，以免药液呛入气管。

（2）不要将药液混在奶汁或果汁中喂，以免影响药效。

（3）喂药时父母不应该硬来，这样做不仅容易使宝宝呛着，还会

让宝宝越来越害怕，并抗拒吃药。

（4）喂药的时间可放在喂奶前或两次喂奶之间。

## 适时晒太阳，助宝宝健康成长

这个月龄的宝宝在逐渐适应室外空气浴后，在3个月后可开始日光浴。日光浴不但有与室外空气浴相同的效果，而且有促进血液循环、强壮骨骼和牙齿的功效，并能增加食欲、促进睡眠。日光浴与室外空气浴一样，需循序渐进。最初，在中午光照好的房间，打开窗户晒（通过玻璃的日光浴达不到效果）。连脚部都让日光晒到，每天1次，每次晒4～5分钟，持续2～3天。此后，按照以上方法晒膝盖、大腿、臀部、腹部等直至全身。适应后，时间逐渐增加到10分钟、20分钟，最长不超过30分钟。全身日光浴要注意：

（1）宝宝的头、脸，特别是眼睛要避开阳光，注意把头部置于阴凉处，使宝宝入睡，或者给宝宝戴上帽子。

（2）宝宝有病和精神不振时不要勉强，只在身体状况良好时进行，尽量保持日光浴的连续性。夏天直射的阳光对宝宝刺激过强，可利用反射光或把宝宝置于树荫处。

（3）冬天寒冷时，可在换尿布时将臀部对着太阳晒一会儿。

（4）空腹和刚进食后不宜日光浴。

## 培养宝宝良好的睡眠习惯

睡眠是个生活习惯，可以调节，3～4个月大的宝宝，需要母亲有意识地训练，使他养成良好的睡眠习惯。如白天让宝宝尽量少睡，在夜间除了喂奶，换1～2次尿布以外，不要打扰宝宝。在后半夜，宝宝睡得很香也不哭闹，可以不喂奶。随着宝宝的月龄增长，逐渐过渡到夜间不换尿布、不喂奶。如果妈妈总是不分昼夜地护理宝宝，那么宝宝也就会养成不分昼夜的生活习惯。以上办法都不起作用的话，可以在医生的指导下，给宝宝吃点镇静药。适当地吃2~3天的镇静药不会影响宝宝的大脑发育，也不会引起其他不良后果。

## 宝宝会翻身，谨防意外发生

3~4个月的宝宝开始翻身了，身边充满了危险，如果没有安全的环境，哪怕仅仅一分钟，也有可能发生意想不到的事情，如他会伸手去抓任何他能够抓到的东西。所以，一些新的安全隐患就出现了。此时，父母应特别注意宝宝的安全。

（1）宝宝的玩具和各种玩具配件的尺寸一定要符合安全标准，尺寸必须大过宝宝的嘴巴。

（2）悬挂的玩具也一定要注意尺寸要大于宝宝的嘴，而且要系得牢，以免被宝宝拉扯下来，或是掉到小床上被宝宝抓起塞入口中。玩具不能带有不安全的外壳，如刷了有毒的漆，有毛刺、绒毛或尖锐的边缘等。

（3）不要在宝宝床上堆叠衣物，否则当宝宝睡觉翻身时，堆叠的衣物也许会盖住宝宝的口和鼻子，引起宝宝窒息。

（4）不要在宝宝的脖子上系任何饰物，因为在宝宝翻身的时候，它们有可能会勒紧宝宝的颈部。

（5）不要在床栏上悬挂棱角坚硬的玩具，以免宝宝翻身的时候被撞伤。

# 吃出健康

## 宝宝添加辅食时间“早知道”

随着宝宝的逐渐长大，妈妈的乳汁已经满足不了宝宝的需求了。另外，宝宝看见食物开始有了新鲜感，喜欢用手去抓，嘴里还不停地流着口水，这些都说明宝宝需要添加辅食了。那么具体该怎么添加呢？

每个宝宝的成长不同，辅食的添加时间也有所不同，所以妈妈在给宝宝添加辅食时，应因时而动，也就是根据宝宝消化食物的能力，适时添加。

一般来说，宝宝对成人的饭菜比较感兴趣，喜欢看人吃东西，触及食物时会很高兴，当用汤匙触及宝宝口唇时会张口或出现吸吮动作，并将食物吞咽下去。这些情况提示妈妈，单纯的乳类喂养不能满足宝宝的需要，宝宝已具备泥糊状食物的吞咽能力，可以尝试给他添加辅食了。

4个月的宝宝吞咽能力刚刚形成，胃肠消化能力差，此时最佳的断奶餐为流质物，如配方奶粉、米糊、菜汁、果汁。宝宝4个月的时候，可以逐渐增加香蕉、苹果、胡萝卜、白菜等果蔬的汁液，以及米粉和少量的蛋黄。到了5个月的时候，可以给他喂些谷类，尤其是粥，把粥煮软后捣碎成糊状，很适合给宝宝食用。

6~7个月的宝宝吞咽能力较强，胃肠消化能力也有所增强，而且

此时正处于宝宝出牙期（6~7个月的宝宝可长出1~2颗乳牙）。所以此阶段宝宝的最佳断奶餐为吞咽型泥糊类食物，如稀粥、烂面、菜泥、蛋黄、鱼泥、豆腐泥、动物血碎等。6个月的时候，粥可多加一些，还可以给宝宝吃菜泥、果泥，也可以将豆腐、熟土豆、蒸蔬菜、米粉糊、细面条捣碎或者切碎后给宝宝吃。7个月时，辅食可增加鱼泥、肝泥、肉泥、碎菜等，在制作方法上还需换着花样搭配。

8~9个月的宝宝开始学会咀嚼食物，辅食变得更加丰富起来，辅食包括蛋、豆、鱼、肉、五谷、蔬菜、水果等，且每天可添加3次辅食。9个月时，需添加面粉类的食物，烹调食物要注意色、香、味俱全。

10~11个月的宝宝已长出7~8颗牙，咀嚼与消化能力较强。宝宝10个月大时，开始尝试软饭、绿叶菜，家长可以加一些让宝宝自己拿着吃的食物，如香蕉、胡萝卜等。从11个月开始，饮食的重心从乳类食物转换成普通食物，辅食的量也应该逐渐增多。

满周岁时，大部分母乳喂养的宝宝已经或者即将完成断奶，这时饮食结构发生了很大的变化，经历了从依赖母乳到依赖食物，虽然乳品还是主要食品，但辅食的添加已经变成了一日三餐，原料也变得丰富多样。

## 母乳充足，可以不添加辅食

3~4个本月，母乳充足的宝宝依然能够从母乳中获得充足营养，因此可以不添加任何固体辅食，仅喂些新鲜果汁就可以了。如果宝宝大便次数多且稀，也可以不喂果汁。

这个月龄，宝宝对碳水化合物的消化吸收能力还是比较差的，仍然依赖母乳，对蛋白质、矿物质、脂肪、维生素等营养成分的需求可以从乳类中获得。因此，如果宝宝对辅食不感兴趣，爸爸妈妈也不要着急。因为强迫宝宝吃辅食是错误的，乳类食品能够满足宝宝所需营养。

如果宝宝每天体重增长低于20克，一周体重增长低于100克，这就提示可能是母乳不足，那么就要添加配方奶。辅食的常规添加时间是在宝宝满120天后，本月龄宝宝进行辅食添加还是以尝试为主要目的。

## 母乳喂养的妈妈要补铁

母乳喂养是宝宝喂养的最佳方式，母乳营养合理，易于消化吸收，是宝宝的最佳食品。但母乳中铁含量偏低。

孕妇在怀孕9个月时就应该重点补铁、补血，为胎儿出生储备足够的铁。一般情况下，婴儿在出生时可从母体获得足够消耗3～4个月的储铁量，所以在出生后的3～4个月内给予纯母乳喂养即可。尽管母乳含铁量偏低，可因婴儿自身有铁供应，不会引起婴儿早期缺铁问题，极少发生缺铁性贫血。

妈妈在分娩过程中会大量损耗血液和元气，常常导致气血两虚，很多妈妈产后奶量不足就是因为这一点，所以产后妈妈补铁补血很重要。如果妈妈自身含铁量不够，那么奶水里就没有铁，只吃母乳的宝宝便会加速自身储备铁的消耗，以适应生长发育的需求。妈妈通过食物补充铁，可常吃富含铁的食物，如鸡蛋黄、动物血液、动物肝脏和瘦肉、红枣、黄豆及其制品、芝麻酱、绿色蔬菜、黑木耳、蘑菇等。必要时，妈妈要服铁剂，增加母乳含铁量，以防宝宝缺铁性贫血。

# 练出聪明

## 语言训练：用温馨语调叫宝宝名字

现在你的宝宝能够辨认出声音是从什么地方来的了，一听到声音，他就会迅速地把头转过去。如果你想吸引宝宝，那么最简单的方法就是叫宝宝的名字。妈妈可用同一语调叫很多人的名字，其中夹有宝宝的名字。当念到宝宝名字时，他能回头朝妈妈看、微笑，表明他能准确地听出他自己的名字。这时，妈妈要抱起他，亲亲他的小脸，对宝宝说："宝宝，你可真聪明啊，你真棒，都知道自己的名字了，妈妈好爱你啊。"同样，你还可以用其他的办法吸引宝宝的注意力，如晃动一下钥匙、风铃等。

## 听觉训练：给宝宝唱拍手儿歌

"拍手儿歌"是训练孩子内在听觉的最有效方法。因为音乐的节奏与语音有着密切的关系，妈妈可以选择日常生活中的语言、儿歌、童谣甚至动物的叫声等，作为节奏练习的素材。妈妈和宝宝可以一边说，一边拍手掌。这里选择一首儿歌，可供你参考：

公鸡、母鸡和小鸡，

公鸡报晓喔喔喔，

母鸡下蛋咯咯哒咯咯哒，

小鸡欢叫叽叽叽，叽叽叽，叽叽叽。

## 动作训练：让宝宝多做一些翻身

翻身，是宝宝学习移动身体的第一步，代表着宝宝的骨胳、神经、肌肉发育更加成熟。翻滚也是 3 ～ 4 个月宝宝最主要的“交通”手段，所以新妈妈们要多多配合，要看到这个时期宝宝里程碑式的进步。

妈妈可以先将宝宝仰面放在床上，然后从后面轻轻握着他的两条小腿，把右腿放在左腿上面，使宝宝的腰自然扭过去，肩也会转一周，多次练习后宝宝便能学会翻身。另外，让宝宝侧身躺在床上，妈妈在身后叫他的名字，同时还可用带声响的玩具逗引他，促使宝宝闻声找寻，顺势将身体转成仰卧姿势。

当宝宝学会翻身后，宝宝接触的世界就更广泛了，为了避免宝宝触碰尖锐的危险物品，或拿起尖锐物品塞入口中，家长一定要将家中的尖锐物品（如小剪刀、耳扒、圆珠笔、小发夹、钥匙等）、危险性的物品（小瓶的化妆品、硬币等）放在宝宝拿不到的高处或抽屉里，避免宝宝因误吞这些物品导致窒息等不好的后果，或被这些物品刺伤。

## 认知训练：让宝宝自由探索“新世界”

这个月龄的小儿，头已竖得很稳，视野更加扩大，对周围的事物开始感兴趣，父母要利用宝宝对某些事物感兴趣这一特点，教会他认识这些事物。平时父母一定要观察宝宝最爱盯住什么，找出他最爱看的东西让他学习，才能容易学会。教他看和辨认这些东西，将词和物联系起来，如可给宝宝照镜子玩，一边照镜子一边和宝宝说：“看看，这是宝宝，这是眼睛，这是嘴巴……”让他辨认自己身体的部位，再看看镜子里的宝宝。这样充分利用小儿各种感官的发展和动作的形成，通过让宝宝观察周围环境来发展其认知能力。

# 走出误区

## 人工喂养，高糖乳汁不可取

宝宝喝牛奶要加些糖，一是为了增加甜味令小儿喜欢，二是因为牛奶中含糖不足，满足不了小儿的需要。每100毫升牛奶中含蛋白质3.5克、脂肪3.5克、糖4.8克，其中糖提供的能量仅占总能量的30%左右。这对小儿来说不如人奶理想，所以需要在牛奶中加糖来补充能量。

有的母亲在母乳不足时，喜欢用高浓度的糖水或加糖的牛奶喂养宝宝，而且加糖很多。小儿摄入糖过多，会引起腹泻、消化不良、食欲不振，导致营养不良。宝宝食用高糖的水和乳，还会使坏死性小肠炎发病率增加，这是因为水和乳中的高浓度的糖会损害宝宝的肠黏膜。糖食入过量后在腹腔发酵会产生大量气体造成肠腔充气，肠壁不同程度的积气，造成肠黏膜与肌肉层出血坏死，重者还会引起肠穿孔。患儿会出现腹痛、胀气、呕吐，大便则出现先水样便，后血便。

因此，不要用高浓度糖水和加高糖乳汁喂宝宝，如有必要可配制不太浓的奶粉进行喂养。

牛奶加糖的比例应该是100毫升牛奶中加糖5～8克，即5%～8%的浓度。加糖过少，低于5%，则会使小儿热量不够，造成营养不良。所以，宝宝长期饮用牛奶，要注意掌握好加糖的量。

宝宝喝牛奶加糖也不要在煮牛奶时加。因为牛奶中所含赖氨酸与果糖在高温下，会生成一种有毒物质——果糖赖氨酸。这种物质不能被人体消化吸收，还会对人体产生危害。如果放糖，最好等牛奶煮开一会儿再放。

另外，牛奶中放糖，要放白糖，不要放红糖。因为牛奶中的蛋白质遇到酸、碱后，会发生凝胶或沉淀。红糖质地较粗，含非糖物质较多，其中含有一定量的草酸和苹果酸等，如牛奶加入红糖，有机酸达到一定含量时，就会使牛奶变性沉淀，不能食用。

所以说，牛奶加糖很有学问，不可多加，不可早加，不可加红糖，掌握好加糖的科学要求，才能保持牛奶的营养价值。

## 宝宝突然厌吃配方奶，不要逼宝宝吃

有些人工喂养的宝宝在 3 个月以前一直比较喜欢喝牛奶，可满3个月后，却突然表现出厌奶的情况了，甚至妈妈把奶瓶拿到面前就大哭大闹起来。妈妈即使换了奶瓶、奶嘴也还是如此。妈妈不明白为什么宝宝之前吃得多，长得快，体重也正常增加，现在怎么厌奶了呢？

实际上，3个月之前的宝宝，不能完全吸收奶中的蛋白质，无论吃多少都不会完全吸收，时常通过大便排出去。而3个月以后，宝宝的消化系统已经发生很大的变化了。宝宝的肝脏和肾脏都可以帮助消化吸收营养，宝宝的食欲和胃口自然也好得惊人。不过，也正因为这样，宝宝很容易就吃奶过多，这时肝脏和肾脏的负担就会加大。宝宝吃胖了，能量也存积起来，可是肝脏和肾脏却开始“怠工”了，这时宝宝就表现为厌奶了，但对宝宝来说，是属于一种内部器官的自卫性反应，并不算是疾病。

当宝宝出现厌奶的情况，妈妈也不要着急，不要逼着宝宝吃奶，可以喂少量的菜汁和果汁，肝脏、肾脏和消化系统经过一段时间的休息后，又会重新运行，宝宝会再度喜欢上喝奶的。

# Part6

## 4～5个月：会用眼睛传递感情了

这个月龄的宝宝与爸爸妈妈的感情日益深厚，能够随自己的需要是否得到满足而表现出喜、怒、哀、乐等各种情绪。当妈妈在身边时，宝宝会很快乐，感到很安全，当妈妈离开时，他就会变得烦躁，甚至哭闹。而且，这个月龄的宝宝开始尝试着“坐看世界”，但时间不会太长，口水流得也多了，在微笑时垂涎不断。宝宝的运动能力进一步增强，趴着时，会用手撑起上身几分钟，头抬得高高的。

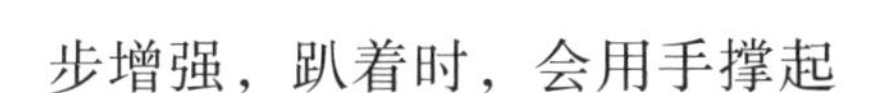

# 育儿须知

## 断奶前准备，耐心和方法同样重要

很多妈妈在宝宝出生不久，就开始为宝宝做断奶前的准备了。如3个月前，让宝宝逐步适应用奶瓶；4个月后，开始让宝宝品尝辅食的味道，如蔬菜汁、果汁、米糊等，并减少喂奶的次数。这些对宝宝来说都是一种变化，宝宝需要时间来慢慢适应。

大多数宝宝在第一次使用奶瓶时，都会自动地用舌头去顶，表示自己不喜欢、不乐意接受；而在看见辅食时，虽然感到好奇，但不知道如何下口，更不要说主动去吃了。因此，在妈妈为宝宝做断奶前准备时，一定要注意喂养的方法，同时耐心也是必不可少的。

准备给宝宝使用奶瓶时。妈妈可为宝宝多购买几个不同样式、图案的奶瓶，让宝宝自己去把玩、去挑选。实践证明，只有喜欢，宝宝才更乐意用。奶嘴应尽量挑选仿真的，这样更容易让宝宝接受。给宝宝使用时，最好一开始就告诉宝宝你要做什么，并在宝宝心情好的时候给他用。如果宝宝拒绝，妈妈也可先与宝宝玩耍，等他累了或有点饿了，再将奶液或果汁在宝宝唇边滴一滴，让宝宝尝到味道，如果想吃他自然会张嘴。宝宝吃后，妈妈要给予表扬，增

强宝宝用奶瓶吃奶的印象。

在添加辅食的过程中，第一次应顺着些，妈妈要先给宝宝做示范，该如何去吃，并且帮助宝宝一点点地学会吞咽，只要宝宝肯吃，就会慢慢接受食物。

如果宝宝不吃，也不要硬喂，可以多尝试几次，喂的时候耐心一些。可以将食物汤水涂抹在宝宝唇边，也可将勺上汤汁放到宝宝嘴边，宝宝来吃时，一点点地送进嘴里，只要让宝宝尝尝味道就可以了。最好在宝宝饿的时候或喂奶前进行，这样更容易让宝宝接受食物。

无论怎么做，都要以宝宝乐意为中心，毕竟宝宝还小，还需要吃奶，不要强迫宝宝做不乐意的事。当宝宝不肯配合时，妈妈要多寻找原因，不断尝试，也可听取过来人的意见，探寻宝宝吃辅食的规律。此外，还要注意烹制食物要有耐心、要用心，不要糊弄。味道可口的食物，宝宝才更乐意去品尝。

## 辅食添加顺序从A到B

辅食添加一定要循序渐进，遵循A→B的规律，这样既有助于宝宝对食物的消化吸收，也顺应宝宝的成长发育。

## 从一种到多种

宝宝脾胃功能发育不全，辅食添加需按照宝宝的营养需求和消化能力逐渐增加食物的种类。刚开始时，只能给宝宝吃一种与月龄相宜的辅食，尝试3~4天或1周后，如果宝宝未出现不良症状，如腹痛、腹泻、呕吐、皮疹、便秘等，且大便成形、正常排便，再尝试新食物。如果宝宝对某一种食物过敏，在尝试的几天里就能观察出来。一般从4个月起，宝宝每周只能增加一种，如能适宜，之后便可3~4天添加一种食物，至8个月后便可吃混合食物了。

## 从稀到稠

大多数宝宝基本从4个月起开始添加辅食，但那时宝宝还未出牙，因此辅食应从流质食物开始，较稀的流质食物也容易消化吸收，而且不易增加宝宝的胃肠负担。随着宝宝牙齿的发育与咀嚼能力的增强，辅食可逐渐过渡到半流质食品，也就是泥糊类辅食，待宝宝逐渐适应后，就可过渡到较稠的辅食，如软饭、软面条等。

## 从少量到多量

宝宝胃肠容量小，消化能力差，而且适应辅食的能力弱，所以辅食应从少量开始添加，尤其是刚添加辅食1~2周内，辅食的添加只是尝一尝、试一试，每次只要5~10克，用温开水或奶汁稀释后，再喂给宝宝，这样的食物才容易被消化吸收。一般初次添加，每天只能添加1次，宝宝吃后，要注意观察排便，如果一切正常，可逐量增加；如出现水样便，颜色为绿色，而且宝宝排气多且臭，就说明食物量太多，需减量。如果减量后大便仍然不正常，可以在征得医生同意后暂停添加辅食。

## 从细小到粗大

宝宝的吞咽与咀嚼能力发育不完全，较大较硬的食物不易被宝宝

咀嚼和吞咽。开始给宝宝添加辅食时，食物颗粒要细小，口感要嫩滑，逐渐锻炼宝宝的吞咽功能，为以后过渡到固体食物打下基础。待宝宝出牙时，妈妈可把食物的颗粒逐渐做得粗大，这样有利于促进宝宝牙齿的生长，并锻炼他们的咀嚼能力。

## 各类辅食添加的方法

### 米粉的添加

米粉容易吸收，不容易引起过敏，是首选的最适宜的添加食品。宝宝从4个月开始接受米粉，可一直吃到宝宝1岁。妈妈最初应选用为婴儿特制的含强化铁的米粉，帮助宝宝补充体内已经匮乏的铁，预防贫血。米粉可当作一顿主食，喂完米粉后隔3～4小时再喂奶。米粉的调制方法如下：

准备好消过毒的宝宝专用碗、筷子和小勺。1匙米粉加入3～4匙温开水；放置一会儿，使米粉充分被水湿润，用筷子按照顺时针方向调成糊状，最初调制的米粉应该是稀薄的，随着宝宝月龄的增加和不断适应辅食，可慢慢增加米粉的数量和比例，以增加稠度。从每次喂1～2勺开始，宝宝适应以后，慢慢增加到3～4勺，每天喂1～2次。

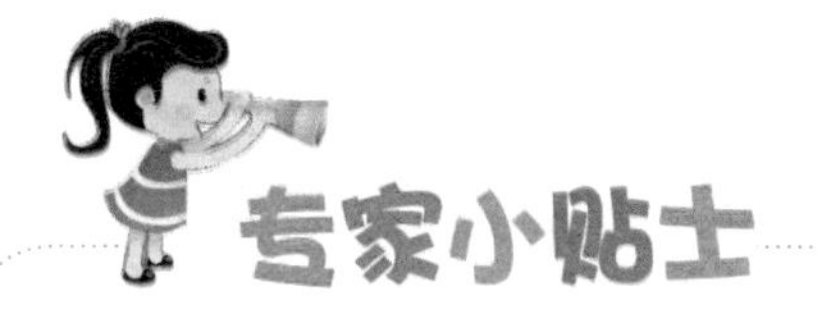


在冲调米粉时没必要再在米粉中加牛奶伴侣或糖等成分，因为这样做并不会增加营养价值，只是加浓了口味，而这样的口味很容易使宝宝以后养成挑食的坏习惯。妈妈也可用菜汤调米粉，但应注意菜汤最好是不含盐分和调料的，以免影响宝宝还没发育好的肾脏。

## 蔬菜和水果添加的方法

蔬果汁：宝宝4个月以后可以在两餐奶之间喂1：1兑水稀释的菜汁和果汁，6个月后就可喂纯果汁。因为果汁较甜，宝宝更易接受，最好让宝宝先熟悉蔬菜汁后，逐渐加果汁。

蔬果泥：宝宝在进食第一阶段营养米粉5天后，就可以试吃蔬菜泥和水果泥了。可以每餐都喂蔬菜泥，但需注意，添加时要按照口味由单一到多样、由少到多的原则。

## 蛋黄泥的添加

足月宝宝在本月龄可添加蛋黄泥（早产儿、多胎儿可以更早），以补充体内铁质的不足。从1/4个蛋黄开始，逐渐增加至整个蛋黄。蛋黄泥可用开水调和，在两顿奶中间喂。6个月左右可改食蛋黄粥。但蛋清要在8个月左右才能吃。

## 动物性食品的添加

鱼泥、猪肝泥、鸡肝泥、猪血、鸭血等动物性食品可在6个月以后逐渐添加，这些食物含铁丰富，又容易吸收，最初可做成肉汤，之后可单独喂。

# 营养配餐

## 粳米汤——给宝宝补充蛋白质

【材料】精选粳米150克。

【做法】①将粳米洗净，放入锅中，加水1000毫升用大火煮。②煮开后，调成小火慢慢熬，用木勺不断地搅拌，熬至米汤黏稠。③关火后，待米汤静置5分钟，用勺只取上面不含米粒的汤，晾温后喂食即可。

粳米

【贴心提示】淘米一两遍即可，不可多次清洗，以防止粳米的营养流失。粳米汤是提炼出了粳米粥的精华部分，可以帮助补充矿物质、蛋白质、维生素$B_1$。需要记住：不要给宝宝直接吃米粒。

## 冬瓜汁——解渴，消暑，利尿

【材料】冬瓜50克。

【做法】①将冬瓜去皮、瓤，用流水清洗干净，切片待用。②用汤锅把水煮沸后，将冬瓜片放入水中煮15分钟左右。将冬瓜汤晾温后喂宝宝食用。

【贴心提示】冬瓜是营养价值很高的蔬菜，含有蛋白质、碳水化合物、矿物质和维生素，特别是维生素C的含量较高。具有解渴、消暑、利尿等功效，是清热解暑的佳品。

## 小米汤——助消化，解热渴

小米

【材料】小米50克。

【做法】①将小米淘洗两遍，放入锅中加水，用大火煮开后，改为小火。②煮至米粥上的清液有黏稠性。关火，焖10分钟左右。③晾温后，用勺子取上面不含小米粒的汤喂宝宝即可。

【贴心提示】小米汤的营养价值极为丰富，其中矿物质和维生素$B_1$的含量是粳米的数倍，有“代参汤”之美称。多喝小米汤具有助消化、清热解渴、健胃除湿、和胃安眠的功效，有些不法商家为小米添加色素，选购时可取少量加水润湿，查看米色是否有变。

## 小白菜汁——补充维生素和矿物质

【材料】小白菜3棵。

【做法】①将小白菜去根，浸泡，洗净，切段。②用开水将小白菜焯烫至九成熟，捞出后放入榨汁机中。③加入适量的水，榨汁，过滤，取汁，给宝宝饮用即可。

【贴心提示】小白菜是维生素和矿物质含量丰富的蔬菜，能够增强宝宝的免疫力，便秘、腹胀，腹泻的宝宝不宜吃。1岁之前多吃蔬菜，可防止日后挑食。

# 练出聪明

## 语言训练：用儿歌丰富宝宝的“语言库”

4～5个月的宝宝正是发出新音节的时期，宝宝常常会对自己学到的新本事特别着迷，并会不断地重复这种本领好一阵子。这时你可以每天给宝宝唱1～2首儿歌，每首儿歌至少要唱3～4遍。如《甜嘴巴》：“小娃娃，甜嘴巴，（用手指着宝宝的小嘴巴）喊妈妈，喊爸爸，喊得奶奶笑哈哈。”让宝宝熟练掌握了一种技巧之后，再让他学习下一种。对待宝宝要有耐心。使宝宝做到耳、眼、手、足、脑并用，以便给宝宝早点说话打下基础。

## 情感训练：用欣赏的眼光看待宝宝的各种行为

父母的爱是促进宝宝智力成长的动力。4～5个月的宝宝喜欢对人微笑，你应该以动人的微笑和亲吻回报他。他还喜欢任何东西，包括自己的脚趾头都放到嘴里“品尝”，父母千万不要对他进行严厉训斥和制止。只要把那些“美味”清洗干净，保证安全就可以。父母用欣赏的眼光看待宝宝的这些行为，因为这是宝宝对环境和自身的探索。要学会在欣赏和鼓励中看着宝宝一天天成长，一天天聪明起来。

## 认知训练：打破宝宝“见陌生人焦虑”的情绪

4~5个月的宝宝跟不熟悉的人在一起时，会出现一种“焦虑”的情绪，这是他情感发展的第一个重要里程碑。

当宝宝认生时，父母要表现出平和的态度，用和蔼的语言引导宝宝和陌生人相见。当生人到来时，用对客人热情的态度和友好的气氛去感染宝宝，使他学习“信任”客人；让客人逐渐接近宝宝，可以先给他一个漂亮的玩具，使宝宝逐渐适应、熟悉生人。如果“认生”太严重，如见了生人就哭闹不止，这可能是父母带宝宝外出较少或与外界接触较少的缘故。研究表明，怯生的程度和持续时间的长短与教养方式有关。因此，应加大与宝宝一起外出的频率，经常带宝宝上街、逛公园。平时可让宝宝看看电视，和自己的洋娃娃玩，听收音机里的人讲话，经常在他面前摆弄新奇玩具，使宝宝习惯于体验新奇的视听刺激，降低怯生程度。

## 社交训练：逗逗你的小小“开心果”

虽然哭闹仍是4 ~5个月小宝宝最主要的交流手段，但在这个月里，他已经渐渐开始有一些幽默感了。当宝宝遇到让他开心的惊喜时，如突然看到你的脸从毯子下面露出来，或者一个小玩具从盒子里面蹦出来时，宝宝可能会开心地笑起来。

做做鬼脸、扮扮傻样，逗你的宝宝多笑笑吧。宝宝喜欢听各种各样的声音，你不需要借助特殊的玩具或乐器来制造声音，你只要弹弹舌头、吹吹口哨或学学动物叫，宝宝听了都会很开心的。

## 养得壮，但也不要把宝宝养得太胖

胖乎乎的宝宝固然可爱，也许还是一件非常骄傲的事情，看见的人还常会夸宝宝养得好，因此许多妈妈都把胖当成了成功养育宝宝的衡量标准。但宝宝过胖并不是一件好事情。因为宝宝期的肥胖是成年肥胖的基础，长大后发生肥胖的概率也会非常高。

一般来说，宝宝的发育水平有个基本的数据，如果体重比同月龄、同性别、同身高小朋友的正常数值超过20%，就应该属于肥胖了。防止宝宝过胖，应从以下两方面入手：

饮食方面不要像填鸭那样不停地让宝宝吃，3个月以前每天每千克体重需120～150毫升的奶量；4～6个月维持原来的奶量外，可为宝宝增加米糊、面糊或果汁等副食品，每天的量大约为半碗。这个数据只能作为参考，具体到每一个宝宝，具体的量肯定不同，家长应该多观察，感觉宝宝吃饱了，就没必要再硬塞。

吃了睡、睡了吃的养育法不仅过时，而且十分有害。无论从什么角度来看，不运动对小宝宝都是有害无益，所以每天要尽可能让宝宝运动。运动的量和时间没固定的数值，每个宝宝的性格体质都有所不同，以宝宝不累为适宜。

## 添加辅食别硬来，有些情况需放弃

从本月龄起，宝宝对饮食有了更进一步探索，他们可以尝试乳汁以外的食物了，可以用嘴巴来体验世界。这样的方式对宝宝来说大概比其他任何方法都要来得更加直接、更加深刻，只是这样的体验也可能带来种种麻烦，宝宝对新食物的不适应，添加方式的不合理等，都可能引起各种身体不适，妈妈在处理麻烦的过程中，要慢慢增加对宝宝的了解。

大多数的新妈妈都认为蛋黄是最适合宝宝的食物，所以蛋黄是很多宝宝的第一餐。但是有些宝宝在吃了蛋黄之后，会浑身发痒，他们脸部和耳朵周围的皮肤还会发红，会有分泌物，出现湿疹等症状，这种情况很有可能是对鸡蛋过敏。过敏是添加辅食过程中最常见的现象。

腹泻与呕吐也是辅食添加不当时非常容易出现的症状，通常宝宝的大便会比平时稀，而且次数明显增多，看起来有点像蛋花汤，有时候还混有少量黏液及不消化的物质。因此，妈妈在给宝宝添加辅食时应注意以下几点：

（1）在添加辅食的过程中，要仔细观察宝宝对哪种食物过敏，确定后就不要再给宝宝吃了。

（2）遇天气太热，或者宝宝不舒服，如胃胀、呕吐、大便反常或其他情况，应暂停喂此种辅食，等肠胃功能恢复正常后，再从开始量或更小量喂起。

（3）添加新的食物之后，要多注意观察宝宝的反应，密切注意其消化情况。发现宝宝身上出现红斑或腹泻严重，应该去医院检查。尤其不要随便给宝宝用药。

# Part 7

## 5～6个月：对周围的事物越来越感兴趣

这个月龄的宝宝对周围的事物越来越感兴趣，什么都想看一看，什么都想摸一摸，就连自己的小脚丫都要品尝品尝。每天着迷地抱着自己的小脚丫，啃得特别香，就连妈妈喂奶时，也舍不得放弃。这个阶段的宝宝常常会把周围搞得一团糟，你可千万不要责怪宝宝，因为这是他的天性。

# 育儿须知

## 宝宝辅食添加，本月正当时

随着宝宝的逐渐长大，母乳的质和量都在逐渐降低，已经不能满足宝宝发育的需要了。因此，到了这个月龄，无论是吃配方奶的宝宝，还是母乳喂养的宝宝，抑或混合喂养的宝宝，都应该添加辅食了。

这个月龄的宝宝，对乳类以外的食物有了消化能力，也开始有了吃乳类以外食物的愿望。这是比较好的半断奶期，为1岁以后由吃奶转成吃饭做好准备。如果添加辅食过晚，婴儿对乳类以外食物的兴趣就会减弱，咀嚼、吞咽功能就不能得到充分的锻炼。早产儿要赶上足月儿的生长发育水平，需要摄取更多的营养物质，因此早产儿要早添加辅食，而不是晚添加辅食。

## 辅食添加受挫，妈妈应对有妙方

- 有的宝宝不喜欢吃洋葱、包心菜、萝卜等蔬菜，因为这些蔬菜有一种特殊的气味，宝宝不愿接受。

对策：可以在烧煮时适当加一点水，把特殊的气味冲淡一些。如果宝宝实在不喜欢吃，父母也不必勉强，毕竟，蔬菜的种类繁多，总有宝宝爱吃的。

- 第一次吃蔬菜，妈妈也许会在宝宝的大便里发现没有完全消化的蔬菜。别担心，只要宝宝不是拉肚子或者大便中混有黏液等，这其实是一种正常现象。

对策：给宝宝喂蔬菜，量要一点点增加。尽量把菜切得细一点，便于宝宝消化吸收。

- 有的宝宝吃了鸡蛋之后，会浑身发痒，脸部和耳朵周围的皮肤发红，并出现分泌物，这可能是吃鸡蛋过敏了。

对策：把鸡蛋煮熟、煮透至少需要20分钟，煮熟后立刻去掉蛋白，捣碎蛋黄，将蛋黄混在宝宝的谷类食物或蔬菜中吃，看看是否能减轻宝宝的过敏症状。一般5～6个月的宝宝就可喂蛋黄，有过敏史的家庭，可推迟几个月给宝宝喂蛋黄，但必须添加其他辅食如肉类、动物肝脏等补充铁质。

- 土豆比其他食物更容易使宝宝作呕或反感。

对策：把土豆煮熟，捣成土豆泥，加入适量的奶调稀，开始只喂宝宝少量的土豆泥，以后再逐渐加量。

## 上班族妈妈，继续保持母乳喂养

许多妈妈在宝宝4个月或6个月以后，就得回单位上班了。然而，这个时候并不是让宝宝断掉母乳的最佳时期。那么，怎样才能继续母乳喂养呢？如果你是一位希望将母乳喂养坚持到底的妈妈，每天就要至少泌乳3次（包括喂奶和挤奶），如果一天只喂奶一两次，乳房受不到充分的刺激，母乳分泌量就会越来越少，不利于延长母乳喂养的时间。

对于上班族母乳喂养的妈妈，以下可供你参考：

### 让宝宝提前适应

在即将上班的前几天，妈妈就应根据上班后的作息时间，调整、安排好哺乳时间。可以让家人给宝宝喂奶瓶，并注意循序渐进。应尽量把喂辅食的时间安排在妈妈上班的时间。

### 上班时收集母乳

妈妈上班时携带奶瓶，在工作休息时间及午餐时在隐秘场所挤乳。然后放在保温杯中保存，里面用保鲜袋放上冰块。妈妈每天可在同一时间挤奶，这样到了那个特定的时间就会来奶，建议在工作时间每3个小时挤奶一次。下班后携带母乳的过程中，仍然要保持低温。回家后立即放入冰箱储存。

### 收集的母乳怎样喂哺

喂食冷冻母乳时，先用冷水解冻，再用不超过50℃的热水隔水温热，冷藏的母乳也要用不超过50℃的热水隔水加热。均匀温热后，合适的奶温应该和体温相当。给奶加热时应注意：①不要用微波炉，因为微波炉加热效果并不均匀；②不要直接在火上加热、煮沸，否则会破坏母乳的营养成分；③解冻的母乳不可再冷冻，只可冷藏；冷藏的母乳一旦加温后就不能再次冷藏了，需丢弃。

## 给宝宝买双舒适的软底鞋

从理论上说，这个月龄的宝宝还不会走路，光脚是最好的。但由于此时的宝宝活动能力逐步加强，特别是脚部的活动，如蹬腿、踢腿等

动作比以前明显增多，为了避免宝宝脚部皮肤的摩擦，保护娇嫩的脚趾，给宝宝准备一双合适的鞋还是有必要的。

所谓合适的鞋，应根据宝宝不会走路的特点出发，选择那些用可透气的真皮或布等材质制成的，鞋要轻便，鞋底要柔软富有弹性，手隔着鞋底能摸得到宝宝的脚趾。而那些用塑胶材料制成的，或者有坚硬外壳的皮鞋都是不适合的。宝宝的鞋也要适当宽松一些，买鞋时妈妈或爸爸可以用拇指压压，鞋的长度要以宝宝最长的脚趾和鞋尖保留拇指的宽度为宜。鞋的宽度应以脚部最宽的部分能够稍加挤压为宜，如果尚能挤压，宽度就足够了。为了给宝宝的小脚丫留下发育的空间，妈妈或爸爸千万不要给宝宝穿太小、太紧的鞋子。此外，由于宝宝的小脚丫长得很快，所以不要买太贵的。

## 带宝宝外出，安全知识宜早知

整天和宝宝待在家里，不仅妈妈们有点闷，宝宝们也会感到厌烦。可是带宝宝外出又怕不安全。那么，家长们带宝宝外出，应注意哪些问题呢？

（1）要选择好出行的时间、地点和环境。一定要选择有太阳或者略微暖和的天气出行，过低的气温容易使宝宝生病。

（2）出门时，要带上宝宝爱吃的辅食、塑料勺、无糖面包、围兜、带吸管的口杯等。如果担心宝宝在外哭闹，还要带上奶嘴。如果宝宝正在长牙齿，则可以准备一些婴儿专用饼干给宝宝吃。

（3）带宝宝购物时，要注意宝宝的小手可能会抓到市场里的瓶

瓶罐罐，上超级市场，要用手护住宝宝，并用背带将其固定好。为了防止宝宝路上排便，还要准备一些尿布、卫生纸和塑料袋。

（4）最好选择离家较近的地点，这样既可以避免路途遥远造成奔波之苦，还可以更方便地照顾宝宝，如果宝宝有什么需要就可以回家去取。

（5）带宝宝乘车时，最好把宝宝放在吊带或者后背包里，这样你可以空出双手，上下车都方便一些。若车上很拥挤，就不要上，避免拥挤发生危险。如果是自家的车，那么最好购买宝宝专用的安全座椅。而且妈妈要和宝宝坐在后座上，要将宝宝的安全座椅固定牢固，避免紧急刹车等意外情况造成宝宝的碰撞。

（6）需要在外居住，一定要熟悉你的房间，看是否存在潜在的危险，如地板上尖利的物品或者突出的金属物、窗户和阳台是否安全等。另外，要把烟灰缸、玻璃杯、咖啡机及洗发水等物品收起来。

# 营养配餐

## 牛奶粥——抗病毒，提升免疫力

【材料】鲜牛奶200毫升，粳米50克，白糖少许。

【做法】①将粳米洗净，放入加水的锅中，煮至半熟，倒出米汤。②倒入鲜牛奶，改为小火煮，边煮边搅拌，20分钟后关火。③加入白糖搅拌，待白糖充分溶解后，晾温后可喂给宝宝吃。

【贴心提示】牛奶中含有丰富的蛋白质、脂肪和乳糖，还有丰富的矿物质，特别是钙。牛奶易于消化吸收，可增强身体免疫力，抵抗病毒的侵入。

## 香蕉泥——补充钙、蛋白质

【材料】香蕉1根，米粉1～2勺，母乳或者配方奶2勺。

【做法】①把香蕉去皮，捣成糊状。②把米粉和奶混合后，倒入香蕉糊中搅拌均匀。③可根据需要和宝宝的喜好，调至稀稠。

【贴心提示】香蕉含丰富的碳水化合物、蛋白质和钙，是钾和维生素A的上等来源，具有生津止渴、润肺滑肠的功效。也可直接用小勺刮香蕉喂给宝宝吃。切记，不要给宝宝吃发黑的香蕉，香蕉不要在冰箱中存放。

## 枣泥粥——补充铁、维生素

【材料】干红枣5枚，粳米或小米适量。

【做法】①先将干红枣泡软，放入锅中蒸熟，晾凉后剥去枣皮，去掉枣核，再将枣肉碾成枣泥。②粳米或小米洗净，加适量水煮熟（也可用二米粥），放入枣泥，调匀喂食即可。

【贴心提示】红枣富含蛋白质、脂肪、碳水化合物、胡萝卜素、B族维生素、维生素C，以及钙、磷、铁和环磷腺苷等营养成分，是补铁美食，其中维生素C的含量在果品中名列前茅，被称为“维生素王”。

## 红薯泥——防止宝宝蛋白质缺乏

【材料】红薯 1 个。

【做法】①挑选一块匀称的红薯，洗净，放入锅中蒸熟或煮熟。②把熟红薯去皮压成泥，取适量给宝宝吃，或直接用勺子挖着喂宝宝吃。

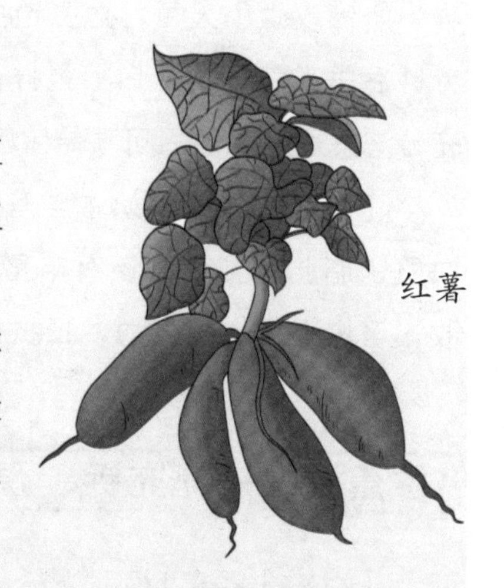
红薯

【贴心提示】红薯中含有多种人体需要的营养物质，含蛋白质、脂肪、碳水化合物、纤维素、钙等。其所提供赖氨酸的含量比粳米和白面要高得多。

## 山药粥——健脾胃，助消化

【材料】山药250克，粳米或小米适量。

【做法】①将山药洗净，去皮，切成小方块。②洗净粳米或小米，将其和山药块同时放入锅中，先用大火煮开后，再用小火煮，煮烂为止。③用小勺将山药块碾碎，即可喂食。

【贴心提示】山药含有多种人体所需氨基酸，有健脾益胃、助消化的作用。新山药切时会有黏液，极易滑刀伤手，可以先用清水加少许醋清洗，这样可以减少黏液。

## 蔬菜牛奶羹——帮助补充维生素C

【材料】西蓝花20克，牛奶100毫升。

【做法】①将西蓝花洗净，只取头部，切成小块，放入榨汁机中，取汁。②将西蓝花汁和牛奶同倒入锅中煮开，晾温后即可喂食。

西蓝花

【贴心提示】西蓝花含有丰富的营养素，特别是维生素C的含量在蔬菜中仅次于辣椒，对于过胖的宝宝能起到减肥的作用。也可用其他蔬菜来做，如芥菜、小白菜等。

# 练出聪明

## 语言训练：用手势和宝宝交流

如果你想教宝宝一些手语，那么现在正是时候了。因为5～6个月是宝宝语言理解能力的高峰期。研究表明，手势不但不会妨碍宝宝学习说话，还有助于发展宝宝的语言技能。刚开始的时候，你可以先说一个常用词，用一种手势来表示，如把手合在一起，摊开手掌表示“书”；或者把你的手指放在嘴唇上表示“饿”。很快地，你的宝宝就能用简单的手势来表达更复杂的意思了——他会伸开手掌，并举到与肩一样高的位置，来表达如“我已经把果汁喝完了”。教给你的宝宝一些表达他自己的方法，还能帮助他减少受挫感。

## 动作训练：培养宝宝的动手能力

5～6个月宝宝的抓握动作有了很大的长进，他的手经常半张开，有时两手凑到一起玩自己的衣服，并试图抓周围的东西。专家表示，手是宝宝思维能力发展的催化剂，而此时又是宝宝手的动作灵敏时期，也是无意识时期，所以父母要抓住宝宝这一时期来训练宝宝的动手

能力，以助宝宝思维的发展。

如何训练5～6个月宝宝的动手能力？专家建议可采取以下方法：

（1）让宝宝玩哗铃棒或拨浪鼓之类玩具，开始时妈妈可将玩具放在宝宝手中，抓住宝宝手臂协助其摇晃，不久宝宝便会自己玩耍。

（2）将沙土或豆豆放在浅筐内，妈妈先用手左右拨动，之后将宝宝的手放在沙土或豆豆中，并协助其手做拨动动作，很快宝宝便会下意识地自己活动。

（3）妈妈将食指放在宝宝手中，待宝宝抓牢后，妈妈的手再做左右摇晃，进而做前、后拉及松的动作。拉、松要有节奏，最好伴唱儿歌。

（4）妈妈将体积小而颜色鲜明的玩具，如小塑料球、红头绳等放在宝宝面前，引导他主动去抓拿。

## 社交训练：满足宝宝的求知欲

5～6个月的宝宝对周围事物的探索欲望会逐渐增加，对新的事物更加感兴趣。作为父母，在这个阶段，最好不要对他进行外在的约束，这一点对宝宝的健康发展非常重要。在这个阶段内，应把贵重的东西放在孩子摸不着的地方，避免把他围在游戏围栏中。孩子在6～12个月时的探险欲，是他今后具有快乐创造力的基础；这阶段对他的阻止，将会长久地抑制他的自发性和创造性。根据统计显示，那些在此时期经常被放在游戏围栏中的宝宝，长大后的读写能力较差。

这个时期的宝宝开始懂得自己是一个与母亲分开的独立个体，且深深地意识到，自己的生存依赖于母亲。这时他体验到第一次恐惧——妈妈将会抛弃他——明显地表现为“分离焦虑”。这种恐惧在孩子

8~18个月时达到了顶点，快满1周岁时，宝宝学会了玩“捉迷藏”，借这个游戏他假装妈妈离开了自己，当他把手从眼睛边拿开时，听到呼唤的妈妈就回来了。他恐惧不安的心理，在接踵而来的笑声中消失了，重新获得安全感。

## 情感训练：布娃娃是心灵的慰藉

5~6个月的宝宝容易被大大小小的毛绒玩具所吸引，这时家长可以给宝宝准备一个了。而布娃娃是这个时期宝宝玩具的最佳选择，它是宝宝心灵的慰藉，有了它就安心多了，甚至连出门、睡觉都要抱着。不用担心，像这样的“过渡性”，可能是宝宝开始表现独立性的标志。如果你的宝宝睡觉时还和“贴身宝贝”在一起的话，那你要注意这个玩具不要太大了。如果玩具太大，你的宝宝可能会把它作为踏凳，爬出他的小床，或者因玩具离他的脸太近，而影响了他的正常呼吸。

# 走出误区

## 不要急着让宝宝吃带馅的食品

北方的家庭经常吃一些带馅的食物，宝宝叫嚷就给他一块，以致消化不良，几天都不想吃东西。菜肉混合的馅加上外包的面片，5～6个月的宝宝嚼不碎，勉强咽下会增加胃肠的负担。结果是多数原样便出，对身体是徒劳而无功。5～6个月的宝宝只能吃菜泥和肉泥，并要分开一样一样去练习消化吸收，不能急着让宝宝吃复杂而难以消化的食物。

## 宝宝睡中间，爱心犯大忌

有些年轻的爸爸妈妈晚上睡觉时，总喜欢把宝宝放在两个人的中间，觉得这样比较安全，宝宝不容易滚下床。其实这种做法对宝宝的健康是十分有害的。

人体中脑组织的耗氧量最大。成人脑组织的耗氧量约占全身耗氧量的20%，而宝宝越小，脑耗氧量占全身耗氧量的比例就越大，婴幼儿可高达50%。宝宝若睡在父母中间，成人排出的“废气”双管齐下，会使宝宝处于一个缺氧和高浓度二氧化碳的环境中，使宝宝出现睡眠不安、半夜哭闹等现象，影响宝宝的正常生长发育。同时，宝宝睡在父母中间，也增加了父母无意中挤压宝宝的不安全因素。因此，为了宝宝的健康和安全，尽量不要让宝宝睡在父母中间。

## 蜂蜜是“百花之精”，但宝宝不宜吃

蜂蜜含有丰富的果糖、葡萄糖和维生素C、维生素K、维生素$B_2$、维生素$B_6$以及多种有机酸和人体必需的微量元素，是治疗多种疾病的良药。许多年轻的父母喜欢在喂宝宝的牛奶中加入蜂蜜，以加强宝宝营养。实际上，1周岁以下的宝宝，是不宜食用蜂蜜的。

1周岁以下的宝宝不宜食用蜂蜜

这是因为在百花盛开之时，蜜蜂难免会采集一些有毒植物的蜜腺和花粉，若正好是用有致病作用的花粉酿制的蜂蜜，就会使人中毒，更易出现中毒反应。世界各地的土壤和灰尘中，都有一种被称为“肉毒杆菌”的细菌，而蜜蜂常常把带菌的花粉和蜜带回蜂箱，使蜂蜜受到肉毒杆菌的污染，极微量的肉毒杆菌毒素就会使宝宝中毒，其症状与破伤风相似。因此，为防患于未然，使婴幼儿健康成长，对1周岁以内的宝宝，以不喂食蜂蜜为宜。

# Part8

## 6~7个月：有的宝宝会坐了

这个月龄的宝宝，有的已能“坐着看世界”了，因为他们会坐起来了。能够坐的孩子视野更加开阔，他们能用独特的方式和妈妈爸爸以及周围的人进行交流。他的两只手都会拿玩具了，而且喜欢相互对敲，或敲打地板和桌面。这一时期的宝宝，记忆力已经有了显著的发展，不要小看这一连串的动作，对宝宝来说，这可是前所未有的进步！

# 育儿须知

## 把握训练宝宝咀嚼能力的好时机

常有1～2岁孩子的父母抱怨：宝宝嗓子眼细，吃点有渣的食物就呛着；宝宝不爱嚼东西，食物的块稍微大一点便吐出来，或含在嘴里不咽。其实，这种行为是有原因的。

一般情况下，宝宝到4个月之后就具备了把食物由舌尖送到咽部的能力，7～9个月的时候，是培养宝宝咀嚼能力的关键期。如果在这段时间，家长未注意训练宝宝的咀嚼能力，就有可能出现上述的困难。咀嚼能力强，不仅利于宝宝摄入食物及对食物的消化吸收，还有利于牙齿、大脑的发育，同时还可以预防肥胖。此时是锻炼宝宝咀嚼能力的好时机，而家长在锻炼宝宝的咀嚼能力时需要注意哪些问题呢？

（1）需要及时添加辅食。一般在4个月开始添加辅食，最迟不要超过6个月。

（2）宝宝的食物是液体→糊状→固体的发展趋势。从本月开始，除了稀粥、软面条等较软的食物外，还可以给宝宝喂馒头片、面包片、磨牙饼干等有一定硬度的食物。这样，既能锻炼宝宝的咀嚼能力，又能刺激牙床，促进乳牙的萌出。

（3）培养宝宝咀嚼能力时，需要注意喂饭时不要太快，等宝宝把食物嚼碎、吞咽后再喂第二勺食物。

## 辅食添加，灵活掌握才能见成效

给宝宝添加辅食，应根据辅食添加的时间、量、宝宝对辅食的喜欢程度、母乳是否充足等情况灵活掌握。那么，宝宝辅食的添加应如何灵活掌握呢？

（1）如果宝宝吞咽能力良好，就可给宝宝喂面包或饼干类食物，让宝宝自己拿着吃，既可增加宝宝的进食兴趣，锻炼咀嚼能力，也可锻炼宝宝的用手能力。如果宝宝吞咽半固体食物有困难，那就改喂流质食物。

（2）如果宝宝已经习惯并喜欢上了辅食，那就继续按习惯做下去，只要宝宝发育正常，就不需要做什么大的调整。

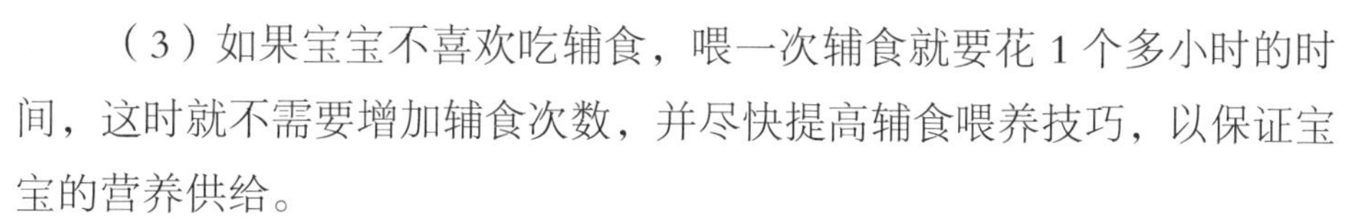

（3）如果宝宝不喜欢吃辅食，喂一次辅食就要花1个多小时的时间，这时就不需要增加辅食次数，并尽快提高辅食喂养技巧，以保证宝宝的营养供给。

（4）如果宝宝一天吃两次辅食，吃奶就大打折扣，次数减至3次或3次以下，那就要减一次辅食，以增加奶的摄入量。

## 谨防佝偻病“恋”上宝宝

患佝偻病的宝宝夜间睡眠不稳、容易惊醒，并且多汗。由于酸性汗液刺激皮肤，造成宝宝头部来回摆动摩擦枕部，使头后形成一圈脱发，医学上叫枕秃。较严重的佝偻病，颅骨出现软化，用手按上去，似乒乓球一样；逐渐出现方颅，胸廓下部肋骨呈现外翻。当宝宝学走路时，由于骨骼软而吃力，致使腿部弯曲，形成O形或X形腿。有的还可出现脊柱弯曲等症状。患有佝偻病的宝宝，走路、说话、长牙齿都比正常孩子要晚。为了预防佝偻病，爸爸妈妈可以从以下几点做起：

O形腿　　X形腿

（1）多给宝宝晒太阳，6个月以后的宝宝每天户外活动时间应越来越长。

（2）补充维生素D，如食物含钙丰富，一般可不加服钙剂。

（3）已经患有佝偻病的宝宝应根据医嘱服用维生素D制剂。

## 莫过频，辅食添加每天2次

6个月起，宝宝白天的睡眠时间开始减少，一天需要喂5次奶，每隔4小时喂1次。但宝宝的活动量加大，只喝奶很容易饿，此时辅食变得更加有分量，其不再是尝尝鲜那么简单了。

辅食添加可从开始的每天1次逐渐改为每天2次，最好选择中午12时与下午15时各一次，这样较规律，而且这两个时间段由于宝宝经过活动以及睡眠时间的消耗，会感到比较饿，这样添加起来较容易。妈妈

们可参照下列安排进行添加。

早晨6时：母乳（配方奶）

上午8时：母乳（配方奶）

中午12时：稀糊状蔬菜2～3勺（约40克）

午休13~15时

下午15时：稀糊状水果2～3勺（约40克）

晚上19时：母乳（配方奶）

晚上23时：母乳（配方奶）

添加辅食时，不可一顿都由辅食喂饱，最好采用辅食加配方奶的方式喂。这样既可让宝宝吃饱，也不至于增加宝宝胃肠负担。

# 营养配餐

## 蛋黄粥——预防宝宝夜盲症

【材料】鸡蛋1枚，粳米70克。

【做法】①先将鸡蛋煮熟，取出蛋黄。②淘洗粳米，加水煮成粥，将蛋黄掰碎放入锅中煮开拌匀。晾温喂食即可。

【贴心提示】蛋黄中脂肪和胆固醇的含量比较高，此外，蛋黄还富含脂溶性维生素，可以预防宝宝患夜盲症。妈妈们要注意观察宝宝是否对鸡蛋过敏。

## 鹌鹑蛋奶——有助于钙质吸收

【材料】鹌鹑蛋2枚，鲜牛奶200毫升，白糖适量。

【做法】①先将牛奶煮沸，再将鹌鹑蛋磕开去壳放入煮沸的牛奶中，煮至蛋刚熟时离火。②加入适量白糖，搅拌均匀即可。

鹌鹑蛋

【贴心提示】鹌鹑蛋的营养价值高，与鸡蛋相比，蛋白质、维生素$B_1$、维生素$B_2$、卵磷脂、维生素P等成分都很高。牛奶是人体钙的最佳来源，而且钙磷比例非常适当，利于钙的吸收。

## 菠菜汤米粉——补充胡萝卜素、叶酸

【材料】菠菜1棵，米粉适量。

【做法】①先将菠菜洗净，取五六片叶，切成条状，放入沸水中煮2分钟。②待水凉后，把菠菜滤出，留下菜汤。用菜汤冲调米粉即可。

【贴心提示】菠菜富含铁、镁、钾、钙和维生素A、维生素C。并且，它还含有胡萝卜素、叶酸、维生素$B_2$等营养素。但大便溏泄的宝宝忌食。

## 鱼泥胡萝卜——有助于大脑发育

【材料】鲜鱼1条，胡萝卜1根，米粉适量。

鱼

【做法】①先除去鱼鳞和内脏，清洗干净，整条蒸熟后去骨，将鱼肉捣成泥。②将胡萝卜洗净，去皮，切成小块，放入榨汁机中榨汁。③用适量的温水倒入米粉中，再将做好的少量鱼泥，连同胡萝卜汁一起拌在米粉里，搅拌均匀即可。

【贴心提示】鱼肉中含有优质蛋白，而且组织结构松软，鱼肉肌纤维较短，蛋白质水分含量多，容易消化吸收，有助于宝宝大脑发育；挑鱼刺时一定要认真对待，切莫大意。

## 鸡肉粥——有效补充氨基酸

【材料】粳米50克，鸡肉30克，精盐适量。

【做法】①将鸡肉洗净，用大火炖熟后，将肉撕碎剁成肉泥，取适量鸡汤待用。②将粳米洗净蒸熟后，取适量的米饭和鸡肉放入鸡汤中同煮。③先用大火煮沸后，改为小火煮20分钟后，放少量精盐起锅即可。

【贴心提示】鸡肉和牛肉、猪肉比较，其蛋白质的质量较高，脂肪含量较低，鸡肉蛋白质中富含人体必需的氨基酸。鸡肉的脂类物质含有较多的不饱和脂肪酸（如油酸和亚油酸），能够降低对人体健康不利的低密度脂蛋白胆固醇。

## 栗子粥——补充B族维生素

【材料】粳米50克，栗子3颗，精盐少许。

【做法】①将栗子剥去外壳和内皮；锅置火上，加入水，放入栗子煮熟后碾碎。②再将粳米洗净，煮粥。将碾碎的栗子放入锅中，加入少许精盐，使其具有淡淡的咸味，搅拌均匀后喂食即可。

栗子

【贴心提示】栗子中不仅含有大量淀粉，还含有丰富的蛋白质、脂肪、B族维生素等营养素，且香气袭人，宝宝会喜欢吃。

# 练出聪明

## 语言训练：常给宝宝讲故事

研究发现，那些智力发育比同龄宝宝健全、领悟力强、知识面宽的宝宝，都是因为他们的父母在宝宝时期就开始尽可能多地给他们讲故事、说话。所以，父母要有意识地和宝宝多讲故事，即使宝宝听不懂也持之以恒，父母那抑扬顿挫、悦耳动听的声音有助于宝宝集中注意力，扩大词汇量，对宝宝智力的开发、语言的发展、情操的陶冶，都具有潜移默化的影响。同一故事可反复地讲。

### 《小蝌蚪找妈妈》

春天来了，青蛙妈妈睡了一个冬天，也睡醒了。她从洞里爬出来，扑通一声跳进池塘里，生下了很多卵。池塘里的水越来越暖和了，青蛙妈妈下的卵变成一群大脑袋长尾巴的蝌蚪，他们在水里游来游去，非常快乐。

一天，鸭妈妈带着她的孩子到池塘中玩耍。小蝌蚪看见小鸭子跟着妈妈，在水里划来划去，就想起自己的妈妈来了。小蝌蚪你问我，我问你，可是谁也不知道。

“我们的妈妈在哪里呢？”他们一起游到鸭妈妈身边，问鸭妈妈：“您看见过我们的妈妈吗？我们的妈妈是什么样的呀？”鸭妈妈回答说：“看见过，你们的妈妈头顶上有两只大眼睛，嘴巴又阔又大。你们自己去找吧。”“谢谢您，鸭妈妈！”小蝌蚪们高高兴兴地向前游去。

一条大鱼游过来了，小蝌蚪看见她头顶上有两只大眼睛，嘴巴又阔又大，他们想一定是妈妈来了，就追上去喊妈妈：“妈妈！妈妈！”大鱼笑着说：“我不是你们的妈妈，我是小鱼的妈妈。你们的妈妈有四条腿，到前面去找吧。”

小蝌蚪们再向前游去。一只大乌龟游过来了，小蝌蚪看见大乌龟有四条腿，心里想：这回真的是妈妈来了，就追上去喊：“妈妈！妈妈！”大乌龟笑着说：“我不是你们的妈妈，我是小乌龟的妈妈。你们的妈妈肚皮是白的，到前面去找吧。”

小蝌蚪们再向前游去。一只大白鹅吭吭地叫着，游了过来。小蝌蝌看见大白鹅的白肚皮，高兴地想：这回可真的找到妈妈了。追了上去，连声大喊：“妈妈！妈妈！”大白鹅笑着说：“小蝌蝌，你们认错了。我不是你们的妈妈，我是小鹅的妈妈。你们的妈妈穿着绿衣服，唱起歌来‘咯咯咯’的，你们到前面去找吧。”

小蝌蚪再向前游去。小蝌蚪游呀游呀，游到池塘边，看见一只青蛙坐在圆荷叶上唱歌，他们赶快游过去，小声地问：“请问您：您看见了我们的妈妈吗？她头顶上有两只大眼睛，嘴巴又阔又大，有四条腿，白白的肚皮，穿着绿衣服……”

青蛙听了笑起来，她说：“唉！傻孩子，我就是你们的妈妈呀！”小蝌蚪们听了，一起摇摇尾巴说：“奇怪！我们的样子为什么跟您不一样呢？”青蛙妈妈笑着说：“你们还小呢，过几天你们会长出两条后腿来；再过几天，你们又会长出两条前腿来，四条腿长齐了，脱掉了旧衣服，就跟妈妈一样了，就可以跟妈妈跳到岸上去捉虫吃了。”小蝌蚪听了，高兴得在水里翻起跟头来：“啊！我们找到妈妈了！我们找到妈妈了！”

## 动作训练：让宝宝“磨磨牙”

6～7个月的宝宝大多已长牙，咀嚼及吞咽的能力有了很大的发展，而且宝宝主动进食的欲望也逐渐增强，这时妈妈们可以给宝宝一些磨牙食品，如饼干、面包片、烤过的馒头片等，让孩子“磨磨牙”，也让宝宝胃肠道逐渐向适应成人固体食物过渡。

专家表示，宝宝咀嚼，有利于胃肠功能发育及唾液腺分泌，提高消化酶活性，还有利于头面部骨骼、肌肉的发育，对日后的发音和语言发育起着重要作用。让宝宝拿着食物自己吃也是学“吃”的重要步骤，不但可以提高智商，还可享受成功的心理满足，对培养宝宝自立、自强、减少依赖、建立自信心是十分必要的。

## 认知训练：引导宝宝的模仿能力

这个阶段，宝宝对周围的一切充满了好奇，但是注意力难以持续，很容易从一种活动转向另一种活动，对镜子中的自己有拍打、亲吻和微笑的冲动；会转移身体去拿自己感兴趣的玩具。宝宝具有模仿的天性，如观察到家长给他端住杯子的时候，他就会咕嘟咕嘟地独自喝水。因此，父母应留意在生活中寻找引导和培养宝宝的机会，从而提高宝宝的适应能力。

模 仿

## 情感训练：打破宝宝的“分离焦虑”

对6～7个月的宝宝，当妈妈要离开时，他会表现出特别焦虑——一种不愿与亲人分开的情绪，妈妈不必为此担忧。相反，这种焦虑是宝宝越来越了解身边世界的一种表现。

你的宝宝不愿意与你分离，也许会让你高兴，但有时也可能会使你心烦意乱。你要外出办事，而你的宝宝需要待在家里时，出门前一定要给宝宝许多甜蜜的拥抱和亲吻，告诉他你一会儿就会回来的。虽然他还不明白你很快会回来，但你的爱和亲热能够安慰宝宝，帮他度过你不在的这段时光。

另外，当你每次离开时，你可以尝试养成举行一种小小的“告别仪式”的习惯，让你的宝宝知道你要走开一会儿，并且你要尽量把宝宝留给他熟悉的人照看。这样，虽然没有妈妈、爸爸在身边，宝宝与暂时照顾他的人在一起时，也会感到开心。

## 社交训练：培养宝宝讲道理

6～7个月的宝宝已经知道控制自己的行为。这时，凡是他的合理要求，家长都应该满足他；而对于他的不合理要求，不论他如何哭闹，也不能答应他。如他要扭动电视机的按钮，玩电灯的开关……家长就要板起面孔、向他摆手，严肃地告诉他“不行”。关键的不是怕电视机坏了和电灯线断了，而是要使宝宝节制自己的行为，知道有些事可以去做，而有些事不可以去做。家长要使宝宝从小养成讲道理的习惯，以免长大后成为无法无天的小霸王。

# 走出误区

## 水果代替蔬菜，健康喂养的误区

不少父母觉得水果和蔬菜的差别不大，既然宝宝不喜欢吃蔬菜，多吃水果也无妨，用水果代替蔬菜也没有什么不可以。实际上，水果和蔬菜两者差距甚大，具体表现在以下几方面：

（1）水果中膳食纤维的含量远低于蔬菜。膳食纤维在人体中起着重要的作用，过少食入蔬菜，会造成宝宝营养素的失衡，同时还容易出现便秘。

（2）水果中营养素的含量远不如蔬菜。仅以苹果和青菜为例，苹果与青菜营养素之比：钙的含量为1∶8，铁的含量为1∶10，胡萝卜素的含量为1∶25。再如，一个200克的番茄含有38毫克维生素C，而换了水果，则需6个约重2000克的红富士苹果才可获得同等量的维生素C。另外，从300克的炒油菜中，可获得钙324毫克，而换成水果，则需摄

入1500克的橘子，或4000克的葡萄才可得到同等量的钙。从250克的凉拌菠菜中，可得到7.3毫克胡萝卜素，而换成水果，则需吃1500克的黄杏，或12000克的香蕉，才可获得同等量的胡萝卜素。可见，水果与蔬菜的营养素在量上有明显的差别。

（3）蔬菜在维持机体内环境，准确地说，就是维持机体内酸碱平衡方面所起的作用也远大于水果。

（4）蔬菜具有独特的生理学作用，可以促进食物中蛋白质的吸收，可使蛋白质的吸收率达到70%。

## 洗完头就睡觉，宝宝易患头痛

很多妈妈都会把宝宝弄得洁净可爱，可是往往忽略了一些细节，常见的是让他们洗过头后立即睡觉。很多妈妈都以为孩子的头发稀薄，洗发后会自然风干。要知道宝宝的生长速度是很特别的，无论头发稀薄还是浓密，不把头发吹干便睡觉都是不好的，这是个坏习惯。

从中医的角度来看，湿发睡觉容易患上头痛，有碍身体健康。所以，家中配备一把小儿电吹风是必需的。

Part9

## 7~8个月：宝宝活动能力更强了

这个月龄的宝宝，活动能力进一步增强。能坐得很稳，会在床上打滚，有了更为丰富的情感。喜欢和爸爸妈妈玩，并模仿大人的动作。趴着时总是伸胳膊抓他前面的东西，够不到，还会一拱一拱地向前爬，并在爬行中探索属于他自己的神奇世界，但手脚配合还不协调。家长要随时注意宝宝的安全问题。

# 育儿须知

## 开胃健食，食物制作要色香味俱全

把食物放入嘴里，凭味觉就知道是什么味道，这个能力早在宝宝一出世就具备了。有人做过实验，出生仅2小时的宝宝已经能分辨出味道，对微甜的糖水表示愉快，对柠檬汁表示痛苦。4～5个月的宝宝对食物的任何改变都会出现非常敏锐的反应。可见，这个月龄的宝宝就更不在话下了。

舌头上有“味蕾”感受器官，凭这感觉器官就可分辨出食物酸、甜、苦、辣等味道。豆腐、蒸蛋、动物血虽然全都是柔软的东西，但是可凭味觉来判断食物的不同，所以宝宝完全有能力凭自己的喜厌来选择食物。对于他喜欢吃的、合口味的食物会咀嚼得津津有味；不喜欢的，没有好味道的，哪怕再新鲜、再有营养的食物，照样不受欢迎。

因此，父母在给宝宝准备吃的时候要注意色香味，以便调动宝宝的食欲，提高吃的兴趣。同样是豆腐，如果是放在香味浓的鸡汤里煮和放在开水中煮，味道就不同。强调食物的色、香、味，当然不是提倡在食物中加入调味品，宝宝吃的食物最好是原汁原味，新鲜的食物本身就

有它的香和味。适当加些精盐、醋、料酒、酱油来提高色、香、味也是可以的，但是味精、人工色素不要添加。

## 宝宝不爱吃蔬菜，巧手妈妈有高招

蔬菜含有丰富的维生素和矿物质，是人类不可缺少的食物。但是，生活中常常看到有的宝宝不爱吃蔬菜，或者不爱吃某些种类的蔬菜。宝宝不爱吃蔬菜的原因，有的是不喜欢某种蔬菜的特殊味道；有的是由于蔬菜中含有较多的粗纤维，宝宝的咀嚼能力差，不容易嚼烂，难以下咽；还有的是由于宝宝有挑食的习惯。采用以下一些巧妙的方法，可以激起宝宝吃蔬菜的欲望。

妈妈可将蔬菜切碎，搅拌到他喜欢吃的食品中，做给他吃。如将绿叶菜切碎放入肉末中，做成肉糕给他吃。刚开始时，可少给一点蔬菜，多放一点他爱吃的食品，慢慢习惯了，再加大蔬菜的分量。如果有的宝宝对以上做法的食物坚决不吃，母亲则不要强制硬塞，可考虑给他选择其他种类的蔬菜，或者用营养成分相当的水果等代替。待宝宝长大点后，给他讲道理、讲故事，慢慢地他就会喜欢吃蔬菜的。

这个月龄段的宝宝，能愉快地进餐，就能促进消化和吸收，这比强迫他吃蔬菜重要得多。

## 带宝宝外出就餐，妈妈不可不知

带宝宝外出吃饭，选一个对大人和宝宝都合适的饭店很重要。过分嘈杂的地方会让宝宝心情烦躁，常常哭闹不停，也影响了你的好心情。因此，选一个安静的饭店吃一顿合口的饭菜是非常惬意的，宝宝也会从中接受一些新鲜信息。

现在一些饭店也充分地为年轻的父母考虑，准备有宝宝就餐时用高脚椅子，你也可以带一个便携式高椅，将宝宝安放在桌子旁，同时带上一些宝宝爱吃的小食品、果汁等，也可以带上宝宝喜爱的玩具，吸引他的注意力。另外，带宝宝外出吃饭还有一个小窍门：出发前，先喂宝宝吃饱，这样你也就可以更好地享受美餐了。

## 爬行关键期，助宝宝一臂之力

7~ 8 个月的宝宝是爬行的关键期，而有的妈妈却怕宝宝把衣服弄脏，或者怕宝宝受伤，整天让宝宝待在床上，坐在推车里，或被大人抱在身上，让宝宝没有机会爬。其实这都是误区。育儿专家研究发现，宝宝最大的快乐就是跟在妈妈的后面爬来爬去，宝宝为了得到妈妈的赞赏和拥抱，会快乐地爬向妈妈。这是你鼓励宝宝快乐爬行的最好法宝。

宝宝刚学爬，动作笨，胆子小，妈妈如果没有耐心诱导，反而满脸不耐烦，瞧着妈妈的脸色，宝宝就会觉得爬是一件不开心的事情，自然就不愿意再爬了。玩具是你的好帮手，选择宝宝喜欢的玩具，把它放在宝宝前方1~2米以外他能看见的地方。逗引宝宝爬过去拿自己心爱的玩具。每次都把玩具放在宝宝不能一下子就拿到但又是在他力所能及的地方，跟宝宝玩的同时也要注意以下几点：

（1）不要在宝宝身边摆上一大堆的玩具，那样宝宝哪里也不想去了，更是懒得爬了。

（2）宝宝每次拿到玩具，都应该有时间玩一会儿，享受自己努力的成果。

（3）别忘了，你的拥抱、亲吻和微笑是最好的奖赏。

## 宝宝爬行，客厅险情应提前排除

宝宝学会了爬行，客厅就成了他们在家活动的主要场所。宝宝这里摸摸，那里碰碰，说不定什么时候，杯子倒了，玻璃碎了，抽屉翻了，小家伙不是头顶起包就是小手瘀肿……好一个险情迭出！妈妈纵是有三头六臂，面对淘气的小宝宝也免不了手忙脚乱。那么到底该关注哪些细节，才能有效而又轻松地排除来自客厅的各种险情呢？

（1）茶几应收拾整洁，注意不要把打火机、火柴、针、剪刀、酒瓶等危险品放在茶几上，这些物品都应该放在宝宝够不着的位置，或者收纳在宝宝打不开的容器里。

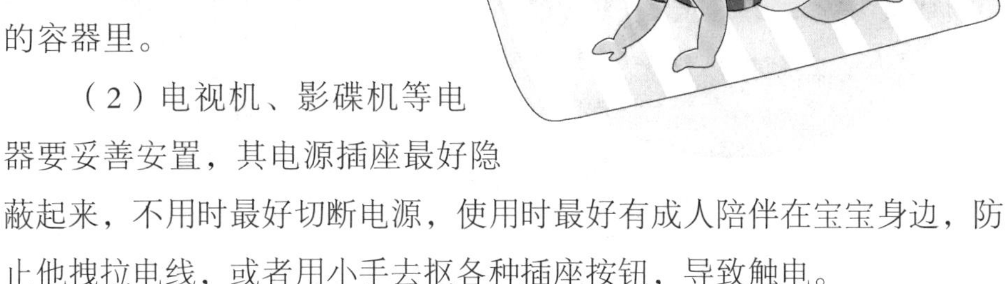

（2）电视机、影碟机等电器要妥善安置，其电源插座最好隐蔽起来，不用时最好切断电源，使用时最好有成人陪伴在宝宝身边，防止他拽拉电线，或者用小手去抠各种插座按钮，导致触电。

（3）电线应沿墙根布置，最好隐藏在家具背后，不用的电器应拔去电源，尽量用最短的电线接通电器。

（4）容易被打碎的东西不要让宝宝碰到，尤其是热水瓶等危险品。矮茶几上不要放置热的或重的物品。

（5）家里不要种植有毒、有刺的植物。

（6）家具、门、窗的玻璃要安装牢固，避免碰撞引起破碎。

（7）墙上的搁物架一定要固定好，位置以宝宝够不着为宜。

（8）饮水机最好选购那种带安全护门的产品，并且给护门装上安全锁。

# 营养配餐

## 蒸蛋黄羹——增强宝宝记忆力

【材料】鸡蛋黄1个，菠菜叶5克，胡萝卜丁10克。

【做法】①先将蛋黄打散，与适量水混合稀释。②放入蒸锅中，用略小的中火蒸5分钟左右。③把菠菜叶和胡萝卜丁煮软磨成碎末，放在蛋黄羹上即可。

菠菜

【贴心提示】鸡蛋黄中含有丰富的脂肪、卵磷脂、胆固醇、钙、磷、铁等，其中的卵磷脂有助于增强宝宝的记忆力。

## 肉末蛋羹——补充矿物质、氨基酸

【材料】鸡蛋2枚，猪瘦肉50克，食用油、淀粉各适量。

【做法】①将猪瘦肉洗净，切碎，用水淀粉拌匀成糊状，把肉放入淀粉中搅拌，再用食用油爆炒熟。②打开鸡蛋只取蛋黄，加水适量，搅拌均匀，用蒸锅蒸熟后，把肉末放入蛋羹中即可。

【贴心提示】猪瘦肉中含有优质蛋白，并含有大量的铁、钙、锌等矿物质；蛋黄中含有饱和与不饱和脂肪酸、多种氨基酸、B族维生素和铁等营养成分。

## 牛奶香蕉糊——补充优质蛋白、矿物质

【材料】香蕉1根，牛奶200毫升，玉米面适量。

【做法】①先将玉米面煮熟，再将牛奶加热。②取香蕉，用小勺碾成泥，和玉米面及牛奶混合后，搅拌均匀，晾温后食之即可。

【贴心提示】牛奶中含优质蛋白；玉米面含有少量锌、铁、铜等矿物质。香蕉也可用苹果、草莓等其他水果代替，可由宝宝的喜爱而定。

## 豌豆蛋黄泥——补充营养，抗菌消炎

【材料】鸡蛋1枚，嫩豌豆100克。

【做法】①将豌豆去壳，蒸熟，用勺子碾成泥状。②再将鸡蛋煮熟，取出蛋黄，压成蛋黄泥。③将两者混合后，搅拌均匀食之即可。

豌豆

【贴心提示】豌豆和含有氨基酸的蛋黄可以明显提高其营养价值，其含有丰富的碳水化合物、维生素A等营养素。另外，豌豆中含有青霉素和植物凝素，具有抗菌消炎的作用。

## 芝麻酱粥——补充不饱和脂肪酸

【材料】粳米、小米各50克，芝麻酱5克。

【做法】①淘洗粳米和小米后，煮成粥。②再用温水稀释芝麻酱倒入粥中，调匀即可。

【贴心提示】芝麻酱中含有不饱和脂肪酸和蛋白质，其中蛋白质含量高于猪瘦肉，含铁量也较高，但吸收率不及动物肝脏。宝宝不宜多吃芝麻酱，以免引起便秘。

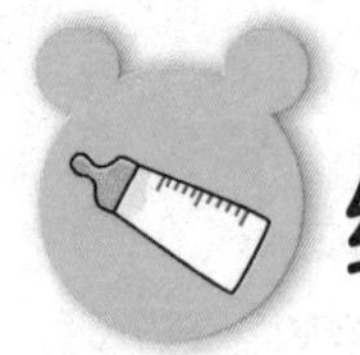

# 练出聪明

## 语言训练：传授正确的咿呀语

7～8个月的宝宝会随着成人的语音刺激开始咿咿呀呀学话。这时，有些父母会看到宝宝有了想要说话的急切愿望，便教起了诸如“汪汪”（狗）、“咕咚咕咚”（喝水）之类的奶话。这种教授方法虽然生动有趣，符合宝宝的特点，有助于宝宝形象思维的开发，但是却容易忽略宝宝抽象思维的培养与发展。其实，对于宝宝来说，记住“狗”和“汪汪”所花的时间相差无几，而前者是迟早要学的语言，后者却是不久就要抛弃的语言。因此，为了使宝宝的思维能力得到全面的开发，家长在教宝宝学说话时，应注意将理性词汇和感性词汇相结合。

## 运动训练：锻炼宝宝的手指活动能力

宝宝的手指活动能力与智力发育密切相关。家长要注意锻炼宝宝的手指活动能力。如家长可以找些不带字的干净白纸让宝宝撕着玩，这对锻炼宝宝的手指运动有好处。这里应注意，不要给宝宝玩带字的纸或

画报，否则会养成孩子撕书的坏习惯，如果宝宝把撕下的纸放到嘴里，油墨或墨迹还会被吃到肚子里。宝宝把纸放进到嘴里，要及时抠出来，以免噎着宝宝。

拇指和食指对捏动作，是宝宝两手精细动作的开端。能捏起越小的东西，捏得越准确，说明宝宝手的动作能力越强，开展精细动作的时间越早，对大脑的发育越有利。家长可以给宝宝找不同大小、不同硬度、不同形状的物体让宝宝用手去捏取。训练时，必须有人在场看护，以防宝宝把拿到的东西放到嘴里。小的物体被宝宝吃到嘴里是很危险的，可发生气管异物堵塞。

## 认知训练：让宝宝走近大自然

7～8个月的宝宝对外界的适应能力已经很强了，爸爸妈妈可以带他到离住处稍远的地方，如街心公园或附近公园接触大自然了。到公园中看看花草、树木、各种昆虫、蝴蝶、蜻蜓、蚂蚁、金鱼等，以及猫、狗、鸡、鸭和鸟类等。它们都能吸引宝宝，宝宝会很有兴趣地去观看。也还可以让宝宝看看刮风和下雨等自然情景，如风摇动树叶发出沙沙的声音、雨点不断地滴在地上和树叶上等。一般有色彩的、动态的自然景色，

均能引起宝宝的注意，为宝宝所喜爱。家长带宝宝观赏自然时，要充分利用宝宝的这种特点，选择宝宝感兴趣的对象让宝宝看。

父母抱着宝宝或推着童车，带着与宝宝共同欣赏大自然的舒畅心情，一起慢悠悠地散步，把这当作经常的活动。在这种良好的自然环境中，既可增进宝宝的健康，又可提高宝宝的认知能力。

## 社交训练：让宝宝懂得给予

父母没事的时候可以给宝宝讲一下分享物品的故事，一是可以增进亲子之间的感情，二是可以锻炼宝宝的社交能力。可以在宝宝情绪好的时候，给他两块糖，告诉他拿一块给奶奶（或爷爷），另一块留给自己，宝宝按要求做了，要对宝宝说："宝宝，你真棒。"在带宝宝到外面和小朋友一起玩的时候，也给他两块糖，告诉他将一块糖分给小朋友，他做到了就要及时给予表扬，告诉宝宝和别人分享是一种美德，让宝宝在赞扬中发展智力，同时宝宝也慢慢地学会了社交能力，这对宝宝以后的身心发展有很大的帮助。

# 走出误区

## 米粉代替乳类，宝宝健康的“罪魁祸首”

米粉是以粳米为主要原料制成的食品。其中79%为碳水化合物，5.6%为蛋白质，5.1%为脂肪及B族维生素等。

这个月龄的宝宝，如果母乳不足或牛奶不够，可以适量喂点米粉作为补充。但有些父母却只用米粉来喂养宝宝，这种做法对宝宝的健康是没有好处的。宝宝正处在生长发育的关键时期，身体最需要的是蛋白质，而米粉中含有的蛋白质不仅质量不好，含量也很少，根本不能满足宝宝生长发育的需要。因此，如果只用米粉类食物代替乳类喂养，就会出现蛋白质缺乏症。具体表现为：抵抗力低下，生长发育迟缓，影响婴儿神经系统、血液系统和肌肉成长，免疫球蛋白不足，容易生病。长期用米粉喂养的宝宝，体重并不一定会减少，反而又白又胖，皮肤被摄入过多的碳水化合物转化成的脂肪充实得紧绷绷的，医学上称为泥膏样，但身高增长缓慢。这类孩子外强中干，实际上并不健康，常患有贫血、肺炎、佝偻病，易感染支气管炎等疾病。因此，不能单纯用米粉代替乳类喂养宝宝。

## 越笑越开心，逗宝宝应适可而止

宝宝适当地笑，可增进健康，但过分大笑，则有损宝宝的健康。所以，成年人在逗笑宝宝时，一定要把握分寸和尺度。宝宝过分大笑会产生以下伤害：

（1）使胸腹腔内压增高，有碍胸腹内器官活动。

（2）易造成暂时性缺氧。

（3）进食、吸吮、洗浴时逗笑，容易将食物、水汁吸入气管。

（4）逗笑过度，会引起痴笑、口吃等不良习惯；大笑会引起大脑长时间兴奋，有碍大脑正常发育。

（5）过分大笑还会引起下颌关节脱臼。

为了宝宝的健康，以下几种情况一定不要逗引宝宝：

（1）宝宝进食时。宝宝的咀嚼与吞咽功能发育还不完善，在他进食时与之逗乐，不仅会妨碍小儿良好饮食习惯的养成，还可能使食物误入气管，引起窒息甚至发生意外。宝宝在吃奶时把奶水吸入气管，还有可能发生吸入性肺炎。

（2）宝宝临睡前。睡眠是大脑皮质抑制的过程，小儿的神经系统尚未发育完全，兴奋后一般不容易抑制。小儿睡前过于兴奋，往往迟迟不肯睡觉，即使睡觉，也会睡不安稳，甚至出现夜惊。

（3）不要用手掌托宝宝站立。宝宝扶着会站以后，一些家长常常喜欢用一只手托住宝宝的双脚，让其站立在自己的手掌上。这种做法是非常不安全的。虽然家长的另一只手可做保护，但宝宝一旦突然失去平衡，成人往往措手不及，后果非常严重。

Part 10

## 8 ~ 9个月：喜欢做一些探索性的活动

这个月龄的宝宝，能够扶着物体自己站立，并且有的宝宝可以说简单的词句了。他们能听懂一些简单的话，也能根据大人的意图简单行事。这个月龄的宝宝喜欢摆弄一些物体，而且宝宝在摆弄物体的过程中能够初步认识到一些物体之间最简单的联系，这是宝宝最初的大脑思维活动，是宝宝智能发展的一大进步。爸爸妈妈应该提供机会让宝宝做一些探索性的活动，而不应该去阻止他或者限制他。

# 育儿须知

## 及时给宝宝添加固体食物

进入这个月龄，多数宝宝已长牙，因此应及时添加饼干、面包干等固体食物以促进牙齿的生长和培养咀嚼、吞咽能力。母乳喂养的宝宝，可在每天傍晚的一次哺乳后补充淀粉类食物，以后逐渐减少这一次的哺乳时间而增加辅食量，直到完全喂给辅食而不再吃奶，然后在午间依照此法第二次喂宝宝，这样可逐渐过渡到三餐谷类和2～3次哺乳。人工喂养的宝宝，本月每日牛乳摄入量应以500毫升为基数，不要少于500毫升，也不要多于800毫升。本月给宝宝吃奶的目的是补充足量的蛋白质和钙。如果宝宝不吃奶类食品，可以暂时停一小段时间，不足的蛋白质和钙，通过肉类蛋类来补充。但也不要彻底停掉奶，即使一次吃几十毫升也可以。如果长时间不给宝宝喝奶，宝宝对奶的味道可能会更加反感。

在喂粥和软面条的基础上，可以添加碎蔬菜、全蛋、动物肝类、禽肉、豆腐等食品，以使宝宝的辅食丰富多彩，增加宝宝的食欲。此

外，应继续给予宝宝水果和鱼肝油。

## 练习用杯子喝水，宝宝学习的好机会

从这个月份开始，可以让宝宝练习用杯子喝水。方法是：让宝宝自己用手扶杯子，大人帮助拿着杯子，教宝宝用杯子喝水。练习用杯子喝水，可以培养宝宝手与口的协调性，促进宝宝的智力发育。

在不经意的某一天，你正在端着杯子喝水，如果看见宝宝望着你的动作，咂嘴并动手抢杯子，也想品尝一下味道。你该有什么反应呢？细心的父母不会呵斥宝宝的莽撞，他们能够意识到这是开始训练宝宝尝试用杯子喝水的机会和信号。在7～8个月时，宝宝扶着杯子喝水，需要大人托着。对于8～9个月的宝宝，他们的双手渐渐有力，大人可以渐渐松开手，让宝宝自己捧杯喝水。训练宝宝用杯子喝水时，需注意以下几点：

（1）选择的杯子要小、轻、不怕摔碎，让宝宝双手可以握住杯子。

（2）每次只往杯中倒少量水，喝完后再添加。避免宝宝拿不稳杯子时，水洒到身上。

（3）让宝宝锻炼自己用杯子喝水，是宝宝学习的过程，有利于宝宝自理能力的提高，同时训练了手的平衡能力，从而促进了宝宝智力的发育。

有的父母怕孩子把水洒到身上，往往限制宝宝用杯子喝水，无形中使宝宝失去一个很好的学习机会。因此，建议家长仔细观察宝宝能力发展的细微进程，及时鼓励他，并提供良好、安全的学习机会。

## 观宝宝睡眠，知健康机密

正常的宝宝在睡眠时比较安静舒坦，呼吸均匀而没有声响，有时小脸蛋上会出现一些有趣的表情。有些宝宝，在刚入睡时或即将醒时满头大汗，可以说大多数宝宝夜间出汗都是正常的。但如果大汗淋漓，并伴有其他不适的表现，就要注意观察，加强护理，必要时去医院检查治疗。如宝宝入睡后大汗淋漓，睡眠不安，且伴有四方头、出牙晚、囟门关闭太迟等征象，这可能是患了佝偻病。

若夜间睡觉前烦躁，入睡后全身干涩、面颊发红、呼吸急促、脉搏增快（宝宝正常脉搏是110次／分），便预示即将发热。

若宝宝睡眠时哭闹，时常摇头、抓耳，有时还发热，这时可能是患了外耳道炎、湿疹或是中耳炎。

若宝宝睡觉时四肢抖动，则是白天过度疲劳所引起的。不过，睡觉时听到较大响声而抖动则是正常反应；相反，要是毫无反应，而且平日爱睡觉，则当心可能是耳聋。

若宝宝在熟睡时，尤其是仰卧位睡时，鼾声较大、张嘴呼吸，而且出现面容呆笨、鼻梁宽平，则可能是因为扁桃体肥大影响呼吸所引起的。

若宝宝睡觉后不断地咀嚼、磨牙的话，则可能是患有蛔虫病，或白天吃得太多，或消化不良。

若宝宝睡觉后用手搔屁股，且肛门周围有白线头样的小虫在爬动，可能是蛲虫病。

若宝宝睡着后手指或脚趾抽动且肿胀，要仔细检查一下，看是否被头发或其他纤维丝缠住了。

总之，妈妈应当在宝宝睡觉时多观察宝宝是否有异常变化，防止延误病情。

## 让宝宝坐便盆，培养良好习惯

为了培养宝宝的良好卫生习惯，在宝宝会坐的时候，便可以逐渐培养其大小便时坐便盆了。这时宝宝还坐不稳，一定要由家长扶着，但坐盆的时间不能太长。开始只是培养习惯，宝宝大多不愿意，这时不要太勉强，只要每天坚持让孩子坐，这样训练几次就可以了。在培养宝宝坐便盆时要注意以下几点：

（1）开始坐便盆时，每次2～3分钟，逐步增加到5～10分钟，时间不能过久，如未解出大便，可过一会儿，起来活动一下，再坐便盆。因为坐便盆时间过长，会形成脱肛。切记不可坐在便盆上给宝宝吃糖果、玩玩具、喂饭等；更不能将便盆代替椅子，让宝宝长久地坐在上面，这样不利于大便习惯的培养，对身体健康也没有好处。

（2）冬天坐便盆时，可在便盆上套上布套子，以免冷刺激引起大小便抑制。便盆最好放在容易看到的较明亮的地方，便于寻找，也不会因为黑暗引起宝宝惧怕坐便盆。

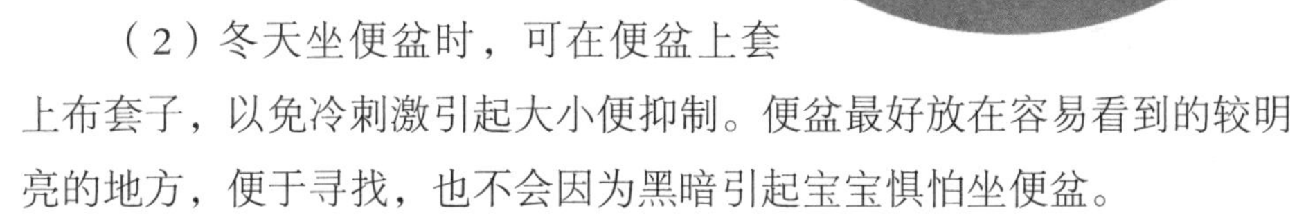

（3）宝宝最好用塑料的小便盆，盆边要宽而且光滑，这样的便盆不管夏天还是冬天都适用。搪瓷便盆，到了冬天很凉，宝宝往往不愿坐。

# 营养配餐

## 肝泥粥——宝宝补铁的佳选

白菜

【材料】猪肝50克，粳米、小米各100克，白菜30克，葱末、姜末、食用油、精盐、酱油各适量。

【做法】①将猪肝洗净切成片，用开水氽一下，捞出后剁成泥。将白菜洗净切成细丝。②锅内放食用油，下猪肝泥煸炒，加入葱末、姜末及适量的酱油炒透入味，随后加入适量水烧开。③再投入洗净的粳米和小米煮至熟烂。放入白菜丝及少量精盐煮片刻即可。

【贴心提示】含铁质丰富的动物性食物有肝脏，而猪肝是最好的选择。此菜肴营养既全面又丰富，是宝宝的补铁佳食。

## 胡萝卜番茄汤——防治缺锌性侏儒症

【材料】胡萝卜1小根，番茄1个。

【做法】①胡萝卜洗净去皮，切成小块，煮软捣磨成泥。②番茄在温水中浸泡去皮，用榨汁机榨汁。③锅中放水，水沸后，放入胡萝卜泥和番茄汁，用大火煮开后，改小火煮至熟，晾温食用即可。

【贴心提示】番茄富含丰富的胡萝卜素、B族维生素和维生素C，其中的维生素P含量是蔬菜之冠；胡萝卜能提供丰富的维生素A，有治

疗夜盲症和眼干燥症等功能。此菜所含胡萝卜素及矿物质是缺锌补益的佳品，对儿童疳积、缺锌性侏儒症有一定疗效。

## 鲜虾肉泥——补充维生素、矿物质

【材料】鲜虾100克，香油、精盐各适量。

【做法】①将虾去壳，洗净，切碎，放入碗中加少许水，用蒸锅蒸熟。②加入适量的精盐和香油，搅拌均匀喂食即可。

【贴心提示】虾营养极为丰富，所含蛋白质是鱼、蛋、奶的数倍到数十倍，还含有丰富的钾、碘、镁、磷等矿物质及维生素A、氨茶碱等成分，且其肉质和鱼一样松软，易消化。宝宝吃过后要注意观察，是否有过敏反应。

## 土豆丸——开胃健脾，补充果胶

【材料】土豆100克，配方奶粉50克，海苔粉少量。

【做法】①土豆洗净，放入沸水中煮透，捞出沥干后去皮，用汤匙压成泥。②将婴儿配方奶粉加入土豆泥中拌匀，逐个做成小圆球，撒上海苔粉即可。

土豆

【贴心提示】土豆除含有丰富的碳水化合物外，还含有蛋白质、脂肪、果胶、维生素、纤维素及无机盐。研究发现，土豆中还含有一种类似激素的物质。因为土豆富有营养，还有B族维生素及纤维素，能刺激胃肠道消化液的分泌，增加食欲。土豆粉营养丰富，加入配方奶粉和海苔粉使营养更加全面，口味香甜。

# 练出聪明

## 语言训练：给宝宝创造说话的机会

8~9个月的宝宝已经明白了成人的话语，而他还不会从口中说出，只能用指的方式让爸爸妈妈来给予帮助。年轻的父母一定要注意不要给宝宝太多的需求，莫让太多的“满足”扼杀了宝宝说话的时机。如在生活中，宝宝指着水瓶想喝水了，于是家长立即把水瓶递给宝宝。专家表示，这种满足宝宝要求的方法使宝宝的语言发展缓慢，因为他不用说话，成人就能明白他的意图，他的要求就已经达到了，因此宝宝失去了说话的机会。当宝宝想喝水时，你可以给他一个空水瓶，他拿着空水瓶，想要得到水时，会努力去说“水”。仅仅说一个字，你就应该鼓励他，这是不小的进步，他懂得用语言表达自己的要求了。

## 运动训练：锻炼宝宝的手指协调能力

俗话说“心灵手巧”，据科学研究发现，手巧才会心灵，手指与大脑之间存在着非常广泛的联系。如果将大脑皮质管辖躯体的范围用拟人形的图形绘出时，我们可以发现，无论是在感觉方面还是在运动方面，手的作用都是巨大的。所以，只有让小宝宝的小手指灵活，触觉才能更敏感，宝宝才会更聪明，更富有创造性，思维也会更加开阔。

在生活中父母可以用智力玩具来训练宝宝手的精巧运动，如最传统的搭积木、捏橡皮泥和新开发的各种变形玩具、插拼玩具，都可以开发宝宝的手眼协调能力和激发宝宝的想象力，家长可先给宝宝示范一下，然后就让宝宝尽情去想，尽情探索里面的奥秘吧！

## 情感训练：不要呵斥和打骂宝宝

当宝宝要动什么东西时，家长突然大声呵斥，会吓得宝宝不敢去动了，这会使宝宝受到惊吓。正确的方法是告诉他为什么不能动这东西，并且拿其他的东西代替它，如一个玩具等。另外，经常呵斥等于给宝宝做了一个坏榜样，等宝宝长大一点，也会学着呵斥别人，并且吵闹、发脾气。因为宝宝的模仿能力特别强，所以父母想让孩子学好，必须言传身教。

## 社交训练：提高宝宝的模仿能力

8～9个月的宝宝喜欢和成人交往，并模仿成人的动作。当宝宝不愉快时会表现出不满意的表情。宝宝懂得比较常见的人和物的名称。如问："爸爸在哪里？"如果爸爸在眼前，他会注视爸爸，如果爸爸没在眼前，他就来回找。家长要创造机会让宝宝模仿大人的动作，按实际情况随时变换内容，扩大宝宝的模仿范围，提高宝宝的模仿能力。

# 走出误区

## 不要让宝宝仅喝汤不吃肉

7个月以后的宝宝，其消化能力已逐渐增强，能够进食鱼肉、肉末、肝末等食物了，可能有很多父母认为肉汤、鸡汤、鱼汤等是营养上品，荟萃了肉类的营养精华。又认为煮过汤的肉和鸡犹如中药被煎过后变成药渣一样，其营养成分已所剩无几，于是只给宝宝喂汤，不让宝宝吃肉。其实这是严重的误解。

肉类汤味鲜可口，但鲜美并非是营养丰富的标志。汤所以鲜是因为煮后肉类中一些氨基酸溶于汤内。氨基酸是鲜味的来源，溶于汤中饮用后可直接被肠道吸收。然而人体的重要营养成分——蛋白质，却并不能完全溶解于汤中。汤煮得时间越长，被溶解的氨基酸相对越多，但是充其量不过占该肉总量的5%左右，换言之，还有95%的营养成分留在肉渣中。只喝汤不吃肉，这是捡了芝麻丢了西瓜。

另外，以汤为辅食主体喂养，宝宝习惯了饮汤，很少食需咀嚼的辅食（固体类有渣食品，如肉或蔬菜），这使宝宝的咀嚼或吞咽的协调动作得不到足够应有的训练。即使在牙已出齐的情况下，这些宝宝也难将食物嚼碎，一吃固体物就恶心呕吐，使父母误认为宝宝的“喉咙太小”，吞不下食物。因为咀嚼动作还是胃肠消化液分泌的一个重要信号，

长期如此，便影响肠胃的消化和吸收。营养物消化吸收不良与蛋白质不足便导致宝宝营养不良而生长迟缓。

光喝汤不吃肉的宝宝还常常缺锌，因为锌是以与蛋白质结合的形式存在于肉类、蛋及乳类食品中的，它不能直接溶解在汤内。因此，只饮肉汤而不直接食肉会导致孩子缺锌。缺锌引起的味觉迟钝又使食欲差甚至厌食，结果蛋白质缺乏及缺锌之间形成恶性循环。更重要的是，锌是促进生长的重要元素，缺锌者常矮小，于是宝宝的生长显著落后于正常饮食宝宝。

因此，希望年轻的父母们再不要把“上汤”作为主要的营养佳品了，当宝宝出牙后就应开始添加半固体食物，如肉末、菜末粥等以训练宝宝多做咀嚼动作，促进消化道功能发育成熟，使宝宝能吸收足够的全面的营养，成为一个健康的宝宝。

## 盲目给宝宝添加营养强化食品不可取

为宝宝选择营养强化食品要根据宝宝自身情况有的放矢地进行选择，切忌盲目地追随广告滥用营养强化食品或营养补充剂。例如，有的补钙产品大肆宣传吃了该产品就可长高，事实上国内外大量科学研究已证明，单纯长期补钙并不能增加身高，只有全面改善营养状况才能有利于骨骼发育。

选择营养强化食品和营养补充剂最好的方法，是带着宝宝到营养咨询机构或者有能力进行儿童营养状况评价的医院对宝宝营养状况作一个全面的评价，了解宝宝的具体情况，再针对评价中出现的具体问题购买和使用相应的营养强化食品或营养补充剂。选择营养强化食品时应注意以下几点：

（1）尽量多掌握一些婴幼儿食品与营养方面的知识，了解各年龄段宝宝对几种比较容易缺乏的营养素的需要量，并要清楚地了解强化食品中营养素的含量，然后根据宝宝的营养需要来决定每天吃多少强化食品。

（2）为宝宝选用强化食品必须注意各种营养素的平衡。有些维生素及矿物质供应过量，不仅对宝宝无益，反而会有损其身体健康。如维生素A、维生素D食用过量，可引起毒性反应。摄入过多的钙，会影响其他矿物质的吸收；摄入过多的铁，会影响锌的吸收。

（3）最好不要同时吃多种强化食品，如果已经食用一种进行了全面强化的婴幼儿食品，就不要再吃别的强化食品。各种强化食品中强化的营养素不一定完全相同，但有的可能有重合，同时吃几种强化食品有可能致某一种或某几种营养素摄入过量。例如，宝宝每天铁的供给量标准为10毫克，如果他每天吃宝宝配方奶粉100克，从中已摄取了足够的铁，但是如果同时又给他吃铁强化固体饮料、铁强化糖果和铁强化饼干，摄入的铁就会大大超过需要。

（4）强化食品中添加的营养素，应该是确属宝宝需要的。如人工喂养的宝宝，其理想的食物是按母乳为参考强化了各种营养素的配方奶粉，尤其是强化了维生素D的配方奶粉。

（5）强化食物中添加的营养素，必须是宝宝确实缺乏的。宝宝究竟缺哪种营养，应经过医生检查、确诊，然后再选用相应的强化食品。

# Part 11

## 9～10个月：能自己站起来了

这个月龄的宝宝已知道自己的名字，叫他名字时他会答应。这个时期的宝宝已经开始懂得简单的语意了，这时大人和他说再见，他也会向大人摆摆手；给他不喜欢的东西，他会摇摇头。玩得高兴时，他会咯咯地笑，并且手舞足蹈，表现得非常欢快活泼。能模仿发出双音节词如“爸爸”、“妈妈”等。这个月龄的许多宝宝都开始由扶着东西站立发展成为扶着东西行走了。这时的他对周围的事物充满了好奇心，并开始对食物的色彩和形态感兴趣。

# 育儿须知

## 给断奶期的宝宝提供最好的营养

许多宝宝10个月左右，其饮食已逐渐固定为每日早、中、晚三餐，主要营养的摄取已由奶制品为主转为以辅食为主。宝宝可以接受大部分易消化、刺激性不强的食物，生长发育所需蛋白质还是要靠牛奶供应。因而，周岁前的宝宝平均每天仍需500~600毫升的牛奶摄入量。

在喂养过程中应注意改变食物的形态，以适应宝宝机体的变化。此时稀粥可由稠粥、软饭代替；烂面条可过渡到挂面、面包和馒头；肉末、菜末可变为碎肉、碎菜。

每日三餐应变换花样，使宝宝有食欲。要给宝宝增加一些土豆、红薯等含糖较多的根茎类食物。增加一些粗纤维奶给宝宝，即在100毫升煮沸消毒过的冷牛奶中，加乳酸0.5~0.8毫升（或橘子汁6毫升），用滴管将乳酸慢慢加入，一边滴一边搅，这样易于宝宝吸收。

除每日三餐外，还应该给宝宝吃两次点心。点心的种类可以是虾条、蛋糕、香蕉、苹果、橘子、草莓、饼干、红薯、番茄、鲜果汁。

给宝宝断奶时，宝宝的食物构成就要发生变化，要注意科学喂养。选择食物要得当，食物应不断变换花样，巧妙搭配。烹调食物要尽

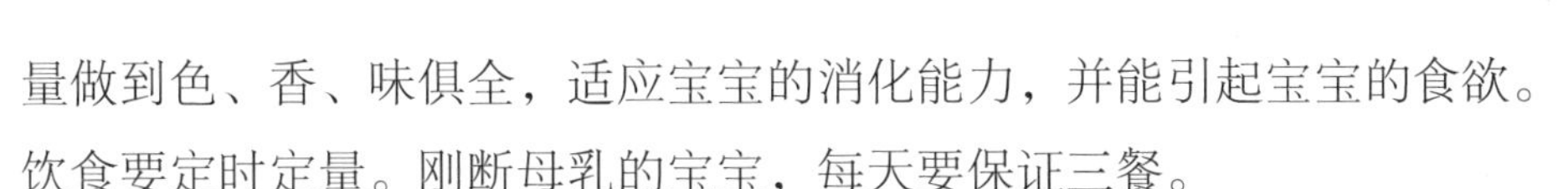

量做到色、香、味俱全，适应宝宝的消化能力，并能引起宝宝的食欲。饮食要定时定量。刚断母乳的宝宝，每天要保证三餐。

早、中、晚餐的时间可与大人统一，但在两餐之间应加牛奶、点心、水果。辅食添加要由少至多，由稀至稠。断奶有适应期。有的宝宝断奶过程中可能很不适应，因而喂食时要有耐心，让宝宝慢慢咀嚼。

## 断奶之后，宝宝饮食应碎、软、烂

很多宝宝在断奶后，很容易出现食欲下降、脾胃消化不良等问题。此时宝宝饮食应以碎、软、烂为宜，这样的食物容易咀嚼，也易被消化。此时不要强迫宝宝吃东西，尤其是不喜欢吃的食物。只要宝宝每天都能吃一点点，他就会慢慢适应并接受这种饮食配餐。

宝宝的饭菜还要做得软烂一些，以利于宝宝消化吸收。一般来说，主食可吃软饭、烂面条、米粥、包子、饺子、小馄饨等，搭配吃一些蔬菜、水果、鱼、肉、蛋、动物肝脏及豆制品，还应经常吃一些海带、紫菜等海产品。最好以宝宝常见的、爱吃的食物为主，不建议添加新食物，避免影响脾胃功能。

此外，每天要保证给宝宝喝两次奶制品，如牛奶、酸奶、配方奶等。最好选用配方奶，这样即使宝宝吃得很少，也不会造成营养不足。

## 冬天和夏天：宝宝断奶的糟糕季节

### 冬季不要给宝宝断奶

一般来说，满10个月的宝宝就可以断奶了。但是，冬季是呼吸道

传染病发生和流行的高峰期。此时断奶，改变了宝宝的饮食习惯，使他在一段时间里会因不适应而挨饿，因而降低他的免疫力，造成细菌或病毒的乘虚而入，易发生伤风感冒、急性咽喉炎，甚至肺炎等。宝宝得病后会更严重地影响食欲，抵抗力再次降低。如此反复，造成恶性循环，严重影响生长发育。所以，不宜在冬天给宝宝断奶，应坚持到春暖花开之时再断奶。

### 夏季不宜给宝宝断奶

遇到炎热的夏季，妈妈就应推迟断奶时间。夏季气温高，会使机体新陈代谢加快，体内各种酶的消耗量增加，消化酶也会因此而减少，由于神经系统支配的消化腺分泌功能减退，消化液的分泌量也会因此而减少，最终导致食欲下降，饮食量减少，从而也影响了营养素的吸收，使宝宝身体抵抗力减弱。另外，高温有利于苍蝇的繁衍，这增加了胃肠道传染病的发生概率，容易出现腹泻，因而影响宝宝健康，所以夏季不宜断奶。

## 宝宝学习餐桌礼仪的好时机

从这个月龄开始，就要培养宝宝良好的进餐习惯。如进餐前不吃零食，进餐时不打闹、不说笑，不边玩边吃。妈妈不要用玩具、电视，甚至甜食等手段诱惑宝宝进食，不要端着饭碗到处追着宝宝喂，要固定在一个位置进餐。让宝宝做主，给宝宝自由；饿的时候吃，饱了就不再喂，也不劝食。在健康安全的前提下，允许宝宝挑选自己喜欢的食物。

要训练宝宝自己吃东西。这个月龄的宝宝还不能自己拿匙吃东西，但妈妈在喂他时，不妨给他一把勺子，让他自己舀着试试，妈妈可以扶着他的手，把食物送到嘴里。有时可以给他一块饼干或馒头片，让他自己用手拿着吃。

爸爸妈妈自己一定要以身作则，不挑食、不贪食，规律进餐，遵守餐桌礼仪，逐渐培养宝宝自己吃饭的习惯，不能因为怕弄脏衣服而不让宝宝自己动手，否则到了 3 ～ 4 岁时他也不会自己动手吃饭的。

## 科学设置小药箱，助宝宝健康成长

8 个月以后的宝宝由于从妈妈体内获得的免疫物质已基本用完，小恙小病就不时出现了。所以，为宝宝准备的物品中，小药箱是不可缺少的。在小药箱里要为宝宝准备一些儿科常用药，还要备一些外用药，同时爸爸妈妈也要有意识地学习一些宝宝的用药知识。遇到宝宝有点小病、急病时能够及时处理。为宝宝备小药箱时，应注意以下几点：

（1）宝宝小药箱要放在宝宝够不到的地方，千万不能和玩具混放，更不能让宝宝玩药箱和药品。

（2）要经常检查药箱内的药品。过期的要及时扔掉，缺项的要及时补充，防止需要时措手不及。

（3）仔细阅读说明书，了解药品的不良反应。还应注意药品不良反应的新信息，以保证安全用药。

（4）特别应当注意的是小药箱只是为了应急，代替不了看医生。

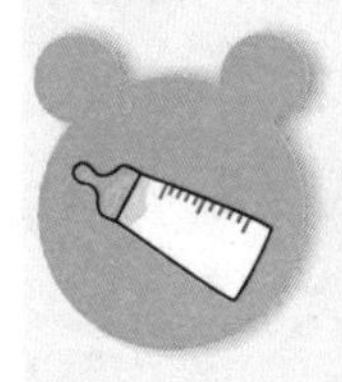

# 营养配餐

## 鸡肉菜粥——补充钙、铁和维生素C

【材料】粥150克，鸡肉15克，油菜叶10克，精盐少量。

【做法】①将鸡肉洗净，煮熟，切碎；菜叶用水焯熟，切碎，备用。②将鸡肉碎加入粥中煮，加少量精盐，待鸡肉碎煮软后加入油菜末，1分钟后关火食之即可。

鸡

【贴心提示】油菜中包含钙、铁和维生素C、胡萝卜素等多种营养素，含量都很丰富。但要注意，不要给孩子吃过夜的熟油菜，以免造成亚硝酸盐沉积。

## 豆腐蛋粥——帮助骨骼、脑部发育

【材料】豆腐50克，鸡蛋1枚，白粥1小碗，香油、精盐各适量。

【做法】①将豆腐洗净后切成小块；鸡蛋打入碗中，搅匀。②锅内白粥兑入少量清水煮开后，放入豆腐丁，慢慢倒入鸡蛋液，用筷子搅动，煮至蛋熟，最后放入香油、精盐调味即可。

【贴心提示】豆腐也是容易消化和吸收的黄豆制品，但所含的蛋白质、氨基酸不完整，如果和谷类搭配食用便可达到营养上的完整，进而帮助骨骼和脑部的发育。有腹胀、腹泻症状的宝宝不宜多食豆腐，否

则会加重病情。此辅食还有益于神经、血管、大脑的生长发育。

## 鸡肉面——提供充足的B族维生素

【材料】挂面、鸡肉各20克，高汤100毫升，胡萝卜、菠菜各10克，鸡蛋半枚。

【做法】①挂面切短，用高汤将其煮熟。将鸡肉、胡萝卜、菠菜洗净，鸡肉、菠菜切末，胡萝卜捣泥。将鸡蛋搅拌打匀待用。②把鸡肉末、胡萝卜泥、菠菜末一起放入高汤面中，加入鸡蛋液并搅匀，小火煮至鸡蛋熟为止，放凉食用即可。

【贴心提示】面条是维生素和矿物质的重要来源，含有维持神经平衡所必需的B族维生素，还含有钙、铁、磷、镁、钾和铜；鸡肉的脂肪含量很低，维生素却很多，也是宝宝的健康食品。

## 煮挂面——补充维生素、矿物质

【材料】婴幼儿挂面20克，大虾1只，胡萝卜、青菜各20克，食用油10毫升，酱油适量。

【做法】①将虾洗净，去壳，炒干；胡萝卜、青菜洗净剁成碎末。②将挂面切短，煮熟；加入虾、胡萝卜末、青菜末煮熟后，加入少量酱油调味即可。

【贴心提示】虾口味鲜美，富含多种维生素和矿物质，其中有钙、铁、碘等，并且富含优质蛋白，含量高达20%。另外，虾类含有甘氨酸，这种氨基酸的含量越高，虾的鲜味就越高；挂面有助于宝宝练习咀嚼。

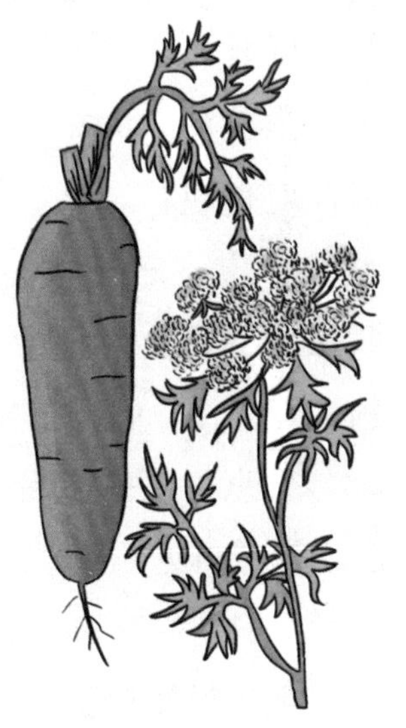
胡萝卜

# 练出聪明

## 语言训练：与你的“小话匣子”聊聊天

9～10个月的宝宝已懂得一些词语或者手势的意思了，他还会经常地指指点点、嘟嘟囔囔，也不知道到底说的是什么。作为父母，这时期值得注意的是：当宝宝指着一个东西时，你一定要马上告诉他这个东西的名字，或者你主动指着东西说出名字，这样能帮助宝宝学习事物的名称。

把你自己正在做的事情一步步讲给宝宝听——不管你是在切菜做晚饭还是在叠衣服，都可以不断地告诉宝宝。例如，把宝宝放到宝宝车上时，你可以对他说：“来，坐到你的蓝色宝宝车里去。现在，我来给你系上安全带，让你坐舒服。好了，咱们现在去公园玩！”

你也可以一边唱儿歌一边配合歌词做动作表演给宝宝看（比如挥着手说“再见”），还可以和宝宝玩“绕圈圈”这样的游戏，来帮助宝宝学习识别关键的词汇和短语。

宝宝很快就会开始把词汇和意思联系起来。用不了多久，他就会跟着你一起拍手，看到妈妈叫“妈妈”，看到爸爸走进房间就叫“爸爸”了。

## 认知训练：扩大宝宝的模仿范围与能力

9～10个月的宝宝喜欢和成人交往，并模仿成人的举动。专家表示，模仿是一种初级的学习，是学习的必经之路，这时你可以设计出一套包括拍手、摇头、身体扭动、挥手、踏脚等动作，并配上儿歌，开始时家长可一样一样地做示范，边做动作，边配儿歌，边教宝宝学。宝宝看熟和理解后，便会很快模仿和掌握这些动作，学会和做对一种动作都要给予赞许和表扬。最后将这些动作串在一起，配上儿歌进行表演，从中培养宝宝观察和模仿的能力。根据这种模仿，可以按宝宝的实际情况，随时变换内容，扩大模仿的范围和能力。

## 情感训练：引导宝宝感受你说话的分量

9～10个月的宝宝对探索的渴望胜于他想听你警告的意愿，你要更有责任教育他、保护他。宝宝现在已经能够听懂简单的指令了，尽管当你说“不”时，他可能会故意装作没听见。

你的判断是最好的指导原则。如你不让宝宝吃第二个小蛋糕，并不是因为你对他不好，你是在为宝宝的身体健康设定一个规矩。如果他拽小猫的尾巴，你应该把他的手拿开，看着他的眼睛，对他说：“不行，这样会伤害到小猫的。”然后，引导你的宝宝用手轻柔地抚摸动物。

也许你的宝宝到了明天多半就记不住你今天说的话了，但现在给宝宝设定某些界限，并开始教他一些重要准则，不会为时过早。要经常给他讲什么是对的，什么是错的；什么是安全的，什么是不安全。这对宝宝以后的发展是有很大帮助的。

不要觉得这些看起来是执意违拗的举动，而实际上，这只不过是宝宝天生的好奇心自然流露，他只是想了解一下这个世界到底是怎么一回事。

## 社交训练：培养宝宝的协作能力

9～10个月的宝宝和其他孩子在一起时，会有自己的意愿了，他喜欢开心地坐在其他宝宝的旁边自己玩儿，他还不会和其他小朋友一起玩。你可以为宝宝经常找些在一起玩的小伙伴，这是鼓励宝宝发展社交技能的好方法。如可以经常带宝宝到人群聚集的户外活动，逛公园等。也可以让宝宝和其他同龄宝宝在铺有席子的地上互相追随爬着玩，或抓推滚着的小皮球，或和大一些的幼儿一起玩。如果有机会，就让宝宝和别的宝宝相互接触，看一看或摸一摸别的宝宝，或在别人面前表演一下自己的新技能，或观看别的宝宝的本领。

安排宝宝和小伙伴们一起玩可以为他与别人交流、互动打下良好基础。同时，宝宝可能从这些小伙伴身上学到新的玩法。对于妈妈来说，这样做也会有额外的收获。

# 走出误区

## 走出菜汤、鸡汤拌饭的喂养误区

虽然宝宝现在已经能吃和大人差不多的食物了，但是宝宝的咀嚼能力和吞咽能力还是比大人弱得多。有些家长为了图方便，没有给宝宝制作适合的食品，只在大人吃的饭中拌一些菜汤、鸡汤喂给宝宝吃，以为这样宝宝吞咽可方便一些。其实，汤里的营养素很少，长期食用会导致营养不良，而且也不利于宝宝咀嚼能力的锻炼和提高。为了宝宝今后更好地适应大多数成人食物，现阶段需要特意制作适合宝宝咀嚼能力及吞咽能力的食品，烹调食品要以切碎煮烂为原则。

## 喂养健康宝宝，要远离美食“陷阱”

在喂养宝宝的过程中，不是所有的食物都适合，下面介绍一些宝宝不宜吃的食物：

### 主食类

很多父母在给宝宝添辅食时首选米粉、稀粥等谷类、淀粉类食物，这种做法是正确的。因为这些谷类、淀粉类食物很容易消化和吸收，并且不易导致过敏，但过分注重营养的父母们常常会犯“过犹不及”的错误，偏向于选择精细的谷类食物，实际上精细的谷类食物里维生素遭到破坏，特别是减少了B族维生素的摄入，会影响宝宝神经系统的发育。而且，还会因损失过多的铬元素而影响视力发育，成为近视眼的一大成因。因此，不宜长期让宝宝吃过于精细的谷类食物。

## 肉蛋类

肉蛋类食物富含铁质和蛋白质，通常都被认为是非常有营养的食物，将肉炖至酥软或者撕成细丝，都有利于让宝宝顺利进食。不过以下所列举的这几种食物，在辅食的初期，不要让它们出现为好。如蛋清中的蛋白分子较小，有时能通过肠壁直接进入宝宝血液中，使宝宝机体对异体蛋白分子产生过敏反应，导致湿疹、荨麻疹等疾病。蛋清要等到宝宝满1岁才能喂食。在选择鱼类时，应避免体型较大或汞含量较高的鱼，包括鲶鱼、剑鱼、鲨鱼、旗鱼、罗非鱼、金目鲷及吞拿鱼，特别是大眼吞拿鱼、蓝鳍吞拿鱼等。另外，螃蟹、虾等带壳类海鲜会引发宝宝的过敏症状，也不宜喂食给婴儿期的宝宝。

## 蔬菜类

宝宝出生3个月以后，就可以给宝宝添加一些蔬菜汁，再大一些就可以添加蔬菜泥。蔬菜中含有丰富的维生素和矿物质，对宝宝的健康十分有益，但也要注意，有些蔬菜还是不宜过早出现在宝宝辅食中。如竹笋和牛蒡等较难消化的蔬菜，最好等宝宝大些再喂给他吃，纤维素太多的菜梗也不要喂给宝宝吃。韭菜、菠菜、苋菜等蔬菜含有的大量草酸，在人体内不易吸收，并且会影响食物中钙的吸收，可能会导致宝宝骨骼、牙齿发育不良，因此婴儿期的宝宝也不宜吃。

### 水果类

水果中含有宝宝正常生长发育所需的维生素C，且酸甜可口，是非常适宜的婴儿辅食，水果中又有哪些不适合作为宝宝的辅食呢？一般来说，容易引起过敏的，3岁以前最好都不要给宝宝吃，以免引起宝宝皮肤发生皮疹、腹痛、腹泻等。容易过敏的水果如菠萝、芒果、水蜜桃、猕猴桃等。

菠萝

### 调味品

辣椒酱、色拉酱、番茄酱、芥末、味精等口味较重的调味料，容易加重宝宝的肾脏负担，干扰身体对其他营养的吸收。

### 零食类

在宝宝辅食的初级阶段，不应该给宝宝吃零食，特别是含有添加剂及色素的零食，这些东西营养少糖分高，而且容易破坏宝宝的味觉，引起蛀牙等。特别是目前市场上流行的人参类食品，如含人参的糖果、饼干、麦乳糖以及人参蜂王浆等，不宜给宝宝喂食。

### 饮料类

宝宝消化系统发育尚不完全，过滤功能差，矿泉水中矿物质含量过高，容易造成渗透压增高，增加肾脏负担。如果宝宝长期饮用纯净水，则会使宝宝缺乏某些矿物质，而且纯净水在净化过程中使用的一些工业原料，可能对婴幼儿肝功能有不良影响。此外，咖啡、可乐、浓茶等含较多糖分或咖啡因，既没有营养，又容易引起蛀牙及影响宝宝的味觉，宝宝也不宜饮用。

## 豆类

豆类含有能致甲状腺肿的因子，宝宝处于生长发育期更易受损害。此外，豆类较难煮熟透，容易引起过敏和中毒反应。

Part 12

## 10～11个月：会推着小车向前走

这个月龄的宝宝在生理、心理和智力上都发生了很大的变化，甚至可以说，他将从一个完全依赖他人的“无助小儿”成为懂事的大宝宝。这个月龄的宝宝，大多已能够自己站立起来；有的还能够颤巍巍地向前迈步，推着小车向前走。父母应该经常和他们一起玩耍，以建立起双向的良好沟通关系。

# 育儿须知

## 宝宝爱吃醋，开胃又健脾

从婴幼儿的生理情况来看，胃液的成分与成人基本相同，但胃酸却比成人低。为此，在给宝宝烹调食物时加些醋，有利于宝宝的身体健康。

（1）吃醋可以开胃，增加食欲。这是因为吃醋后可以增加胃酸的浓度，能生津开胃，帮助食物消化。

（2）吃醋可以提高胃肠道的杀菌能力。米醋中含有的醋酸，是许多细菌的克星。在肠道传染病的流行季节，吃些渍醋蒜的汁，不仅开胃健脾，还起到较强的抗菌、杀菌作用。

（3）醋是儿童烹调中不可缺少的营养添加剂。醋可使家禽及水产等动物体内的钙溶解，只有溶解的钙，才能在小肠中吸收。如在鱼汤、骨头汤中滴几滴醋，不仅可以使鱼骨软化，还可以使钙溶解在汤中。如在烹调含动物蛋白的食物中加几滴醋，可提高吸收率70%。

（4）醋具有保护维生素C的作用。蔬菜和水果是维生素C的丰富来源，但维生素C在烹调中极易被损坏，如在烹调时加入几滴醋，就会使蔬菜中的维生素C减少损失，而且有利于食物中铁的吸收。另外，还可配合治疗小儿贫血。

## 噪声，损伤宝宝听力的“隐形杀手”

当我们对周围的声响习以为常时，你是否知道，其中的某些声音，可能会不知不觉地给宝宝的听力带来损伤，而我们却没有觉察？仔细地听一听周围的声音，或许你早已经习惯了，并没有感到任何不适。可你知道吗，在所有的声音中，并不是每一种都“声声入耳”，其中噪声就是损伤宝宝听力的元凶。在嘈杂的环境里怎样保护宝宝的听力呢？下面给父母提供几条建议：

（1）使宝宝避免长时间处于嘈杂的环境中，避开生活中常见的噪声污染源，如电视，或者高音量的立体音响。

（2）当宝宝周围有长时间的噪声时，如隔壁在打电钻或者工地上机器响个不停的时候，父母最好给宝宝戴上那种保护听力的耳塞，或者带着宝宝远离噪声污染源。

（3）确保家里所有的加热设备和制冷电器在噪声方面都能够达到合格的标准。

（4）选择静音的加热和通风设备；让宝宝待在受外界影响最小的房间里。这些细微的调整都可以给宝宝创造一个更有益于保护听觉能力的环境。

## 宝宝大哭不停，背后需求多

饥饿、疼痛、太热或太冷等，仍然是宝宝哭闹的主要原因，对这些情况的处理与新生宝宝相同。但是，当宝宝长大一点的时候，还有一些新变化会给他带来苦恼。这包括他醒得较多而产生的厌烦，特别是处于陌生人中，以及和家长分开所引起的焦虑，当他不能做他想做的事时便也会厌烦。

**厌烦**

你的孩子长到半周岁以上（7~12个月），醒着的时间较长了，如果你只是把他放在宝宝床上无人看管，没东西看，也没东西玩，这样，他就会为这种索然无味的处境而哭闹。

对策：①要常把一些能迎风飘动的玩具或类似的玩具悬挂在宝宝床上面，以便他能够拍打着玩和注视着这些动来动去的玩具。②他醒来时，你就立刻接近他，他就会心满意足了。

**焦急**

宝宝很可能日益变得害怕，特别是惧怕陌生人，及你离开他。在长到7个月至1周岁期间，他将在极度依附并日益依赖你的同时，对安慰亦念念不忘，诸如他自己的拇指、毯子或橡皮奶嘴，对这些心爱物的需要可延续到2~3岁。

对策：①应该明白这仅仅是宝宝发育必须经历的，不用操心。②绝不要勉强把宝宝交到陌生人手里，这是他不能忍受的。③给宝宝一件安慰物品，哪怕是奶嘴或别的东西。④多抱抱宝宝。

**沮丧**

宝宝身体内部潜在能力的增长可能会使他在受到挫折时大发脾气。一旦他开始爬行，他将能更快地从你身旁离开，试图去探索周围的事物，而这一点实际上常使他想做的一切受到制止——这都是出于对宝宝安全的考虑，同时也是为了防止那些他正试图探索的东西被损坏。

对策：①尽可能使你的宝宝在家中得到最大的安全。②不满1周岁的宝宝几乎不需要真正的管教。不要去教训处罚这个年龄段的孩子，只需简单地对他说“不要这样”。如果你的宝宝不服从，应把宝宝抱开或把东西拿走。对宝宝绝不应进行体罚。③用其他游戏分散宝宝的注意力。

## 宝宝常打嗝，妈妈有办法

宝宝打嗝多由三方面原因引起：一是由于护理不当、外感风寒，寒热之气逆而不顺，俗话说是“吃了冷风”而诱发打嗝；二是由于饮食不当，如饮食不节制、食积不化或过食生冷奶水、过服寒凉药物，引起气滞不行，脾胃功能减弱，气机升降失常而使胃气上逆而诱发打嗝；三是由于进食过急或惊哭之后进食，一时哽噎也可诱发打嗝。以下方法可帮妈妈巧妙解决宝宝打嗝：

（1）刺激宝宝足底使其啼哭，终止膈肌的突然收缩。一般到宝宝发出哭声，打嗝即会自然消失。

（2）用指尖在宝宝的唇边或耳边轻轻地挠痒，唇边的神经比较敏感，挠痒可以使其神经放松，打嗝也就消失了。

（3）不要在宝宝过度饥饿及哭得很凶时喂奶。

（4）将宝宝抱起，轻拍其背，喂点热水。

# 营养配餐

## 小米山药粥——治脾胃素虚、消化不良

【材料】鲜山药、小米各50克，白糖适量。

【做法】①将山药洗净，去皮，切成小块。②淘洗小米，放入锅中煮5分钟，再加入山药块与小米同煮，大火煮5分钟，再小火煮15分钟。然后加白糖适量即可。

【贴心提示】小米山药粥有开胃效果，适用于刚开始断奶的宝宝，可治疗脾胃素虚、消化不良、大便稀溏。

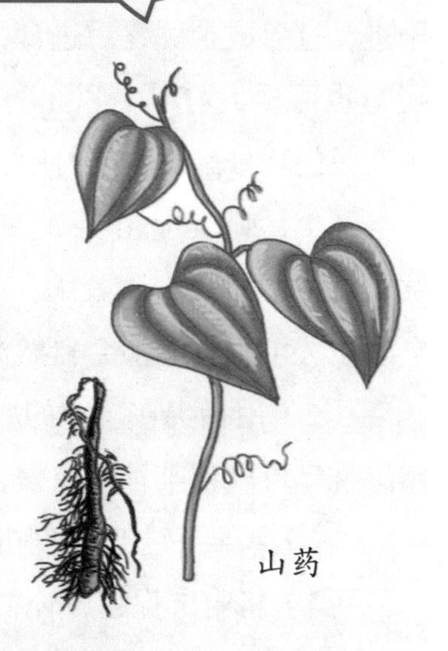

山药

## 煎猪肝丸子——预防宝宝贫血的好食物

【材料】猪肝10克，鸡蛋1枚，番茄1个，面包粉、淀粉、番茄酱、洋葱、食用油各适量。

【做法】①将猪肝洗净剁成泥，洋葱切碎。②鸡蛋打入碗中搅成液，加面包粉、淀粉、洋葱碎、猪肝泥搅拌成馅。③平底锅置火上放食用油烧热，将猪肝泥捏成圆丸，下锅煎熟。④将番茄洗净，切碎，同番茄酱一道炒熟，倒在猪肝丸子上即可。

【贴心提示】猪肝含有丰富的铁、锌、维生素A、维生素$B_{12}$等营养素，是预防婴儿贫血的好食物，而且猪肝丸子香嫩可口。

## 烤红薯饼——补充微量元素的佳食

【材料】熟红薯1个，鸡蛋1枚。

【做法】①先去掉红薯皮，把红薯碾成泥状。②将鸡蛋打入红薯泥中，搅拌均匀，做成1厘米厚的小圆饼，烤熟食之即可。

【贴心提示】红薯含丰富的淀粉、膳食纤维、胡萝卜素、维生素、亚油酸以及铁、铜、硒等微量元素，营养价值很高，被营养学家们称为营养最均衡的保健食品。吃时让宝宝自取、自吃、自乐。

## 果汁瓜条——养胃生津，清胃降火

【材料】冬瓜50克，鲜橙汁200毫升。

【做法】①冬瓜去皮、瓤，洗净，切成铅笔粗细约6厘米长的瓜条，在淡盐水中浸泡5~10分钟，捞出瓜条后沥净余水。②将冬瓜条在鲜橙汁中浸泡3小时左右，果汁必须没过瓜条。盖好盖子，放在冰箱冷藏室内，做一次可以分数次食用。

冬瓜

【贴心提示】冬瓜性寒味甘，清热生津，含有多种维生素和人体必需的微量元素，可调节人体的代谢平衡；冬瓜能养胃生津，清胃降火，使人食量减少，促使体内淀粉、糖转化为热量，而不变成脂肪。经过果汁浸泡的冬瓜条晶莹剔透、果香扑鼻、甜脆适口。也可以分别用几种果汁浸泡，如苹果汁、柠檬汁等。

# 练出聪明

## 语言训练：和你的宝宝沟通

10～11个月的宝宝已经能说几个词了，如“爸爸”、“妈妈”，随着宝宝大脑的发育，他的推理判断和语言能力也在不断加强。他很快就能咿咿呀呀地“说”出一些短句了。

宝宝现在的话像外语一样难懂，虽然听不懂，但也要做个热心听众，并对宝宝的声音做出积极回应，来鼓励他对语言的兴趣，帮助他理解双向沟通。为了锻炼宝宝的记忆能力，你可以和他多玩一些拍手板、藏猫猫之类的游戏。

记住，一定要珍惜这个宝宝沟通技能萌芽的时期，这个阶段虽然短暂，却绝对不同寻常：这时培养的能力也许是宝宝一生中最重要的能力呢！

## 动作训练：通过穿衣培养宝宝自立

训练宝宝穿衣服，可以先让宝宝用布娃娃做练习。妈妈可以先教他给布娃娃脱衣服，再教他如何把衣服穿上。

如“给宝宝脱衣服，要先解扣子，再弯胳膊”。这样一步步地教

他完成每一个动作。宝宝每完成一步都要表扬他，并让他有充分的机会进行练习。

需要注意的是，在平时穿衣服的过程中，妈妈要有耐心，要让宝宝主动参与进来，要配合着他的动作进行，而不要为图方便，自己包办所有的动作。这样坚持下去，就会培养出宝宝自己穿衣服的好习惯。

## 认知训练：立规矩，奖罚宝宝要有度

10～11个月的宝宝已经出现了个性的雏形，家长对宝宝的行为要区别对待，也就是立规矩。对宝宝好的行为要加以强化，如点头微笑、拍手叫好；对宝宝不好的行为要严厉制止，要板起面孔来表示不满意。让宝宝学会自制、忍耐，不能做的事情就是哭闹，也不能允许他，他哭闹后如见无人搭理，自然就会平息。假如这时候家长无原则地妥协，会让宝宝慢慢地认为有求必应而变得骄横任性。

## 社交训练：让宝宝做你的“小助手”

现在宝宝已经有了一定的社交能力，所以家长们可以让宝宝偶尔帮一下小忙了。记住你要特别注意对宝宝说“请”和“谢谢”，并把整理玩具当成做游戏，让宝宝觉得很好玩。虽然宝宝现在可能还不明白这样做的目的，但是早点开始这方面的教育总是有好处的。你还可以把一个活儿分成很多小部分带着宝宝慢慢做。在这个月龄，他需要你在身旁帮助指导。

# 走出误区

## 给宝宝断奶，但不宜断牛奶

“断奶不要断牛奶”是近些年来受到大家重视的一个问题。为什么说断奶不要断牛奶呢？这还得从我国人民的膳食习惯说起。根据调查，我国大多数人的膳食中钙元素摄入不足，尤其是妇女、儿童和老人，钙缺乏所造成的危害和影响更为严重。而奶类是人类补充钙的良好食物，100毫升全脂鲜牛奶中，钙的含量约为100毫克，在天然食物中，它的钙含量是很高的了。另外，牛奶中有较丰富的蛋白质，还含有乳糖等物质，这些物质都可以帮助钙的吸收。

宝宝处于生长发育时期，对钙的需求量较成人大，“不要断牛奶”就为宝宝提供了最佳的钙的保障。宝宝在吃母乳时，可以从母乳中吸取所需的钙，断母乳后就应当从牛奶中获得钙，这是一种较为理想的喂养模式。

人工喂养的宝宝几乎不存在“断奶不要断牛奶”的问题，当宝宝以其他食物为主要食物时，将牛奶的量减少一些也就行了。

母乳喂养的宝宝，应当在添加辅助食物的过程中，让宝宝学习吃牛奶，当断母乳后，可以很自然地过渡到“断奶不断牛奶”。如果在添加辅助食物的过程中，没有让宝宝学会吃牛奶，断奶后再喂给牛奶，宝

宝会拒吃，有的宝宝吃了牛奶会腹泻，这就是对牛奶中的某些物质不耐受的缘故。

断奶后宝宝每天应当吃多少牛奶？专家建议：一个宝宝每天吃300~500毫升牛奶为好。

## 开裆裤：宝宝健康的隐患

传统习惯中，父母总是让宝宝穿着开裆裤，即使是寒冷的冬季，宝宝身上虽裹得严严实实，但小屁股依然露在外面冻得通红。这种不好的习惯容易使宝宝受凉感冒，所以在冬季要给宝宝穿封裆的罩裤和封裆的棉裤，或有松紧带的毛裤。

穿开裆裤还很不卫生。宝宝穿开裆裤坐在地上，地表上的灰尘垃圾都可以粘在屁股上。此外，地上的蚂蚁等昆虫或小蠕虫也可以钻到孩子的外生殖器或肛门里，引起瘙痒，还可能因此而造成感染。穿开裆裤还会使宝宝在活动时不便，如坐滑梯便不容易滑下来。宝宝穿开裆裤还容易造成摔、跌倒后受外伤。

此外，穿开裆裤的又一大弊处是交叉感染蛲虫。蛲虫是生活在结肠内的一种寄生虫，在温暖的时候便会爬到肛门附近产卵，引起肛门瘙痒，宝宝因穿开裆裤可用手直接地抓抠，这样手指甲里便会有虫卵，宝宝吸吮手指时通过手又吃进体内，重新感染。通过玩玩具、坐滑梯还可能使其他小朋友也受感染。蛲虫病的传染能力特别强，在家里宝宝若和父母睡一张床，还会感染给父母，夜里蛲虫会从屁股里钻出来产卵，产完卵后又钻回肛门里，天天如此，新老接替不断。蛲虫卵掉到被子上和被单上，在人们整理床单、被子时，这些虫卵便会随空气而吸到鼻腔或口腔、咽喉里，然后进入胃和小肠，几天以后就发育成熟变为成虫了。要消灭蛲虫，全家人可能都得服阿苯达唑或甲苯达唑口服片；睡觉时要穿睡衣，不要让宝宝的手指直接去抓肛门；将裤衩、褥单等污染物煮沸洗净；要将宝宝的指甲剪短，将手洗干净。最根本的办法是不要让宝宝穿开裆裤，以免引起不必要的受冻或疾病。

# Part 13

## 11～12个月：蹒跚中独步行走

宝宝快满周岁了，他正朝着活泼、开朗的方向快速发展。能耐可不小了，能够一眼辨认出人群中的爸爸和妈妈。认识常常来串门的客人，会对他们表示友好。但拒绝让陌生人抱，如果勉强抱过去，会以挣扎或大哭表示抗争。而且，宝宝从爬、站立到行走的技能日益增加，有的宝宝已能脱离妈妈的怀抱，开始独自蹒跚走着探索属于他自己的世界了。

# 育儿须知

## 辅食成为正餐，营养均衡很关键

11个月的宝宝饮食方式还是要延续上个月的一日三餐制，辅食要逐渐取代母乳或配方奶的地位。如果超过1岁还过度依赖配方奶或母乳的话，可能会导致营养不良，甚至影响发育。宝宝11个月龄的喝奶量，每天应限制在300～400毫升。这也就意味着，大部分的营养要通过辅食来供给，妈妈们要特别注意膳食的合理搭配。每天不仅要吃主食，还要吃蔬菜、水果，并且一次应吃两种以上的营养食物。宝宝有挑食、偏食的现象，妈妈一定要注意给其调整，可以将蔬菜和肉混合，做成小巧的水饺、包子、馄饨、煎饼等，这样更容易被宝宝接受。

对于偏食较严重甚至出现厌食的宝宝，妈妈要及时带宝宝上医院就诊，检查一下宝宝身体到底出了什么问题，及时给予有效的治疗。

此外，不吃配方奶或准备断奶的宝宝，妈妈要注意给宝宝加两次点心。由于宝宝要消耗的能量比较多，只靠三餐的营养是不够的。加点心的时间可固定在早餐与中餐2小时后，这样既不会影响正餐，还能为宝宝补充能量。刚开始最好以乳制品食物为主，如酸奶、优酸乳、果奶

味饮料等，这样便于宝宝消化吸收。切忌用零食安抚不吃饭、哭闹的宝宝，以免养成挑食的习惯。

## 使用水杯、勺，逐步向独立进餐过渡

宝宝从9~10个月起，开始试着学用杯子与勺等用具，但只是试试而已。到了11个月，要尽可能让宝宝学着用，逐步用水杯代替奶瓶，逐步熟练小勺的使用方法，为幼儿期独立喝水、吃饭做准备。

此时，宝宝的抓握能力还不是很强，水杯最好选择双耳形的，这样便于宝宝抓握。使用杯子并不需要特别复杂的练习，只要宝宝开始习惯用杯子饮水的方式，就可以让宝宝快乐地喝东西了。使用时，要注意两点：一是杯沿不要放在门牙后方；二是将水杯中的液体缓缓倾向上嘴唇，宝宝自然将上嘴唇闭合，脸上仰，就可喝到杯中的液体了。

宝宝此时还不能正确抓握小勺，妈妈们不要因为宝宝的抓握方式不对而不停地纠正，否则易引起宝宝反感，丧失学习的兴趣。妈妈还是如上个月一样，让宝宝练习抓握吃饭用小勺。一般这种勺便于宝宝抓握，而且舀起的食物较少，宝宝吃时也会较容易送进嘴里。妈妈可在吃饭时，先让宝宝试几次，再喂饭，这样既能让宝宝有学习的时间，也不会耽误宝宝吃饭。宝宝用勺不是一朝一夕之间就可学会，一般要至宝宝2周岁后才可独立吃饭，所以妈妈别操之过急，要让宝宝一步步来，耐心很重要。

## 宝宝睡眠，应适时给居室通风

温度适宜的季节，如果长期紧闭窗户睡觉，你就会闻到一种怪味，这是由于室内长时间不通风，二氧化碳增多，氧气减少所致。在这污浊的空气中生活和睡眠，对宝宝的生长发育是不利的。温度适宜的天气，开窗睡眠不仅可以交换室内外的空气，提高室内氧气的含量，调节空气温度，还可增强机体对外界环境的适应能力和抗病能力。

开窗睡觉

宝宝新陈代谢和各种活动都需要充足的氧气，年龄越小，新陈代谢越旺盛，对氧气的需要量越大。因宝宝户外活动少，呼吸新鲜空气的机会少，故以开窗睡眠来弥补氧气的不足，增加氧气的吸入量。在氧气充足的环境中睡眠，入睡快、睡得沉，也有利于脑神经充分休息。

## 越玩越聪明，让宝宝快乐成长

这个月龄的宝宝，喜欢的玩具很多，有布娃娃、可扔的玩具、毛茸茸的动物玩偶等。他们喜欢玩配对游戏，还试着用积木“造塔”，或者把积木变成一辆沿着公路开的小汽车。爱玩是宝宝的天性，放手让你的宝宝去“破坏”那些玩具吧！那里有宝宝的思维在闪光，灵感在闪现，那些被拆了又装、装了又拆的玩具，会给宝宝一对搏击长空的坚实翅膀。

扮演角色的能力，是宝宝学习和成长过程中至关重要的一步。如果宝宝能够假扮，说明他的头脑不光可以记住一些事情，也可以进行抽象思维了。这些都需要鼓励，你所要做的就是和宝宝一起假扮角色，对于父母来说这并不难做到哦！例如：

（1）宝宝像小狗一样在地上爬，还不时地“汪汪”叫，你可以轻轻拍拍他，然后说：“多可爱的小狗啊，你饿了吗？要不要来根骨头啊？”

（2）宝宝把布娃娃放在地板上的盒子里，你可以给他一床毯子，说：“你的宝宝该睡午觉了，给她盖上毯子吧，这样她就不会感冒了。”

（3）宝宝在房间里使劲跺脚，装怪兽，你可以说：“多可怕的怪兽啊，求求你不要伤害我！”

# 营养配餐

## 小白菜鱼丸汤——补充营养，强壮筋骨

【材料】鱼丸4个，小白菜3棵，高汤100毫升。

【做法】①鱼丸切碎；小白菜洗净，切碎。②用大火将高汤煮沸，放入鱼丸碎，再次煮沸后，加入小白菜碎，再煮5分钟即可。

【贴心提示】鱼丸中含有优质蛋白，小白菜含有丰富的维生素和纤维素，搭配在一起，易于宝宝吸收，强壮筋骨。

## 清蒸鲜鱼——促进宝宝大脑发育

【材料】鲜鱼1条，香菇10克，藕粉、大葱、姜、香油、火腿、酱油、精盐、料酒各少许。

香菇

【做法】①鲜鱼清洗干净；葱、姜、火腿、香菇均切细丝待用。②鱼背上剞花刀，入开水锅中汆一下，去腥，捞出后放盘中。③将葱丝、姜丝、火腿丝、香菇丝塞入花刀内和鱼腹中，淋上酱油、料酒、精盐和香油少许，上锅蒸熟即可。

【贴心提示】鱼肉中富含各种营养素和DHA，不但能满足宝宝的营养需求，还可促进幼儿大脑发育。

## 柳叶面片——补充膳食纤维及B族维生素

【材料】面粉200克，番茄1个，鸡蛋1枚，食用油、精盐各少许。

番茄

【做法】①先将面粉和好，揉匀，擀成大薄片，切成1厘米宽的条，再斜切成菱形片。②鸡蛋液打匀；番茄洗净，去皮，切块待用。③锅中放食用油加热，倒入鸡蛋翻炒1分钟后，加入番茄块。④炒至七成熟后，加少许精盐，加水至沸后，加入面片煮熟即可。

【贴心提示】面粉中含有钙、锌、B族维生素，营养丰富。一次可以多擀些面片，晾干后装入袋中，放入冰箱待用。

## 香煎土豆片——补充赖氨酸、锌

【材料】土豆1个，原味色拉、食用油各适量。

【做法】①将土豆洗净，去皮，切成薄片。②在锅中放入食用油，待油热后放入土豆片，煎至双面焦黄起泡，在一面涂上适量原味色拉即可。

【贴心提示】土豆营养丰富，是一般粮食所不能比的，内含丰富的赖氨酸和色氨酸，还富含钾、锌、铁等。适合出牙宝宝磨牙食用。

# 练出聪明

## 语言训练：纠正宝宝的语言错误

刚学会说话的宝宝虽然基本上能用语言表达自己的愿望和要求，但是有很多宝宝还存在着发音不准的现象，如把“吃”说成“七”、“狮子”说成“希几”、“苹果”说成“苹朵”等，这是因为小儿发音器官发育不够完善所致。此月龄的宝宝，听觉的分辨能力和发音器官的调节能力都比较弱，还不能正确掌握某些音的发音方法，不会运用发音器官的某些部位。如在发“吃”、“狮”的音时，舌向上卷，呈勺状，有种悬空感，而小宝宝不会做这种动作，就把舌头放平了，于是错音就出来了。对于这种情况，父母不要学宝宝的发音，而应当用正确的语言来和宝宝说话，时间一长，在正确语音的指导下，宝宝发音就会逐渐正确了。

苹果说成“苹朵”

## 动作训练：提供机会让宝宝多运动

一般的家长很容易把宝宝智力的发展同看图识字、数数、背诗等联系在一起，却很少会与运动联系起来，而事实上运动对宝宝的智力发展非常重要。

运动锻炼了宝宝的骨骼和肌肉，促进了身体各部分器官及其机能的发育，增强了身体平衡能力和灵活性，从而促进大脑和小脑之间的机能联系，促进脑的发育，为智力的发展保证了生理基础。所以，宝宝运动能力又常被当作测量智力发展的主要指标。

宝宝满周岁后，运动能力明显提高，爬得更灵活，站得更稳，能迈步行走、转弯、下蹲、后退等。宝宝这时不仅在运动中探索认识周围的环境，而且对周围的环境开始产生一定的影响。宝宝从学会使用工具逐渐发展到了制造工具，主动性、创造性都得到了发展。宝宝在各种运动中不断尝试到了成功的喜悦，情绪会非常愉快兴奋，自信心也得到加强，如宝宝兴奋地享受着被大人追逐的感觉、大笑大叫地从滑梯上滑下来等。

此外，在运动中，宝宝接触其他的小朋友，并在大人的指导下逐渐学会了与人交往的点点滴滴，这将促进宝宝的社会性的发展，而社会性的发展又可促进宝宝独立性的发展，共同为宝宝进入幼儿园、加入儿童集体做好准备。

父母应提供机会让宝宝多运动，同时应注意运动内容和方式的丰富多样。充分调动宝宝的兴趣，并可在运动中加强宝宝对语言的理解，激发宝宝的想象力。

## 认知训练：让宝宝记住小伙伴的名字

在公园或在家附近遇到同龄的宝宝时，妈妈可引导宝宝主动与对方宝宝打招呼。妈妈这时可顺便问对方宝宝的名字，然后介绍两个互不相识的宝宝认识。提醒宝宝记住对方宝宝的名字，并在此后几天经常让宝宝提起，以增强宝宝的记忆能力。这样再见到那个宝宝时，自己的宝宝就能主动叫出对方的名字。如果你的宝宝有意识地记住了别人的名字，就会为其以后与人交往提供便利。

## 思维训练：在游戏中提高宝宝的思维能力

快满 1 周岁的宝宝，其思维能力已经有了一定的发展，为了进一步促进宝宝观察力及思维能力的发展，要多和宝宝一块儿做游戏。如家长故意让宝宝戴上成人的帽子，宝宝的眼睛会被帽子遮住。宝宝马上发现这个问题，会拿掉帽子。家长还可以把几顶帽子放在宝宝面前，让他找出自己的帽子。也可以和宝宝一块儿玩积木，如家长示范怎样把积木一块一块地垒起来，边垒边数“1、2、3、4”，然后让孩子模仿着垒。1岁左右的孩子能垒起3～6块就很不错了，家长还可以教宝宝搭门。如果没有积木的话，家长可以准备一些平整的纸盒，在上面画或贴上一些五颜六色的图画来代替积木。经常重复这类游戏，可以促进宝宝思维能力的发展。

# 走出误区

## 蛋类营养高，但并非多多益善

鸡蛋、鸭蛋营养丰富，均含有丰富的蛋白质、钙、磷、铁和多种维生素，是很好的滋补食品，对宝宝的生长发育也有一定的益处，可适量食用。但是，宝宝过多食用蛋类则不利，甚至会带来不良的后果。

有些家长为了让宝宝长得壮，就千方百计地给宝宝多吃鸡蛋。这种心情是可以理解的，但是不能吃得过多。因为宝宝胃肠道消化机能发育尚不成熟，分泌的各种消化酶较少。如果1岁左右的宝宝每天吃3枚或更多的鸡蛋，就会引起消化不良，并发生腹泻。有的宝宝由于吃蛋类过多，使体内含氮物质堆积，引起氮的负平衡，加重肾脏负担，导致疾病。

营养专家认为，婴儿最好只吃蛋黄，而且每天不能超过1个；1岁半到2岁的幼儿，可以隔日吃1枚鸡蛋（包括蛋黄和蛋白）；年龄稍大一些后，才可以每天吃1枚鸡蛋。另外，如果宝宝正在发热、出疹，暂时不要吃蛋类，以免加重肠胃负担。

## 过量甜食，宝宝健康的“绊脚石”

给宝宝吃适量的甜食，不仅可以给机体提供一定的热能，还可以给宝宝带来快乐。但是，过量甜食会对宝宝的健康造成以下不良影响：

### 引起龋齿

因口腔是一个多细菌的环境，有些细菌可以利用蔗糖合成多糖，

多糖又可形成一种黏性很强的细菌膜，这种细菌膜附着在牙齿表面上不容易清除，细菌可大量繁殖而形成一些有机酸和酶。尤其是乳酸杆菌产生大量乳酸，直接作用于牙齿，可使牙齿脱钙、软化，酶类可以溶解牙组织中的蛋白质，在酸和酶的共同作用下，牙齿的硬度和结构如果遭到破坏，就特别容易发生龋齿。

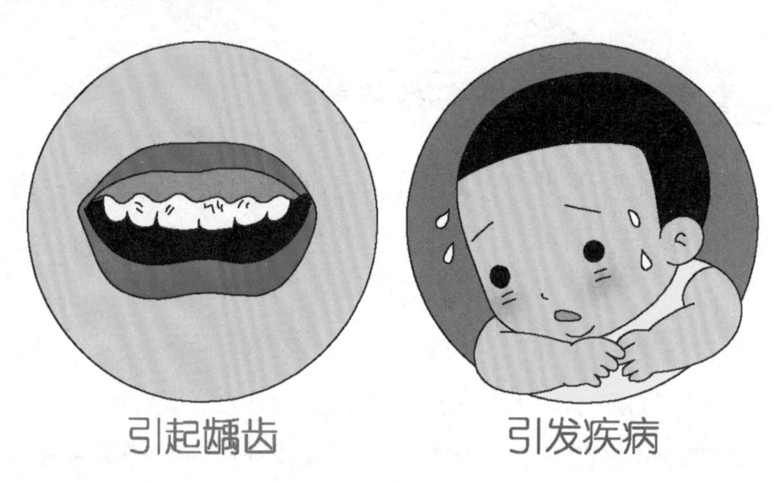


## 引发疾病

饭前给宝宝吃甜食，会使食欲中枢受到抑制，造成宝宝厌食；过多的糖类物质如果在体内得不到消耗，便转化为脂肪储存起来，造成宝宝的肥胖，为成年后某些疾病的发生埋下了祸根；如果食用的糖量超过食物总量的16%～18%，就会使宝宝的钙质代谢发生紊乱，直接影响宝宝的生长发育；食用过多的糖，会加重代谢中胰岛的负担，日久会造成糖尿病的发生；甜食还可消耗体内的维生素，使唾液、消化腺的分泌减少，而胃酸则增多，从而引起消化不良。

## 降低食欲

糖是由淀粉转化而来。淀粉在加工成糖的过程中，维生素$B_1$几乎全部被破坏。过多的糖在进入人体后，在代谢过程中所产生的中间产物丙酮酸，因没有足够的维生素$B_1$的参与，会大量存在于血液中，进而刺激中枢神经系统及心血管系统，最常见的是人体出现疲乏、食欲降低等

现象。

此外，过量食糖，还可增高宝宝体内血糖量，相应地降低体液的渗透压，使眼睛晶状体凸出变形，屈光度增高，导致近视。另外，糖偏酸性，食用过多，能消耗体内的碱性物质，特别是钙、铬等矿物质，这些都是促成近视的因素。总之，为了让宝宝健康成长，父母应少给宝宝吃甜食。

## 开灯睡觉，温馨中潜伏健康隐患

许多家长为了便于照顾宝宝，常常会在他的床头留一盏灯。这看起来很温馨的画面，却不知道潜伏着许多健康隐患。

床头的灯光不仅会影响宝宝的睡眠质量，还会影响视力发育。任何人工光源都会对人体产生一种微弱的光压力，这种光压力长期存在，会使婴幼儿焦虑、紧张，难于入眠。长期在灯光下睡觉，还会影响眼睛的网状激活系统，导致每次睡眠的时间缩短，睡眠深度变浅，容易被惊醒。宝宝出生后的头两年，是眼睛和焦距调节功能发育的关键阶段。一天内光明与黑暗时间的多和少，会影响到宝宝视力的发育。因此，应尽量让宝宝在没有灯光的环境下睡觉。

# Part 14

## 1～1.5岁：宝宝由婴儿期过渡到了幼儿期

宝宝1岁后，就进入了幼儿阶段。1岁零1个月时宝宝大多可独立行走了，因此宝宝的活动范围也将随之增大，经常会爬上爬下，让爸爸妈妈为之担心。从宝宝1岁零4个月起，已经对挫折、失败有鲜明的体会了，此时就需要爸爸妈妈的支持和鼓励。这个阶段，宝宝的语言能力也较以前有了很大的进步，能更多地理解大人的语意了。在宝宝1岁零5个月时，就已经会说很多话了，即使句子说得不完整，也足以表达宝宝的需要了。

# 育儿须知

## 让宝宝“独立自主”，自己吃饭

1周岁以后，应训练宝宝自己吃饭，这样不仅能培养宝宝的独立生活能力，而且对早期的智力开发也有许多好处。日本心理学家曾经对使用筷子能发展幼儿智力做过专题报道。

吃饭，需要手来握持羹匙或使用筷子；还需要大脑神经的控制，使手眼能够协调运动。这对于1～3岁的孩子来说，并不是一件简单的事情，只有当大脑发展到一定程度时，才可以完成这一系列的活动。所以，不要小看宝宝吃饭，通过宝宝吃得好坏的程度，也从一个侧面反映了宝宝智力发展的状况。

同一个年龄阶段的宝宝发展状况也是不平衡的。如3周岁的宝宝，能力强的已初步会使用筷子，用匙的技术得心应手，吃饭撒到地上也极少。而能力差的宝宝，吃一顿饭满手的油腻，像吃抓饭；满身的饭粒，似漏嘴马；满桌的包子皮，边吃边玩。

为什么同一个年龄阶段的宝宝会有如此大的差距呢？关键是锻炼。从宝宝动作发育的顺序来看，1周岁以后正是小肌肉趋于灵巧的时候。成人应当不失时机地从宝宝10个月开始，让宝宝锻炼用杯子喝水，到1岁半就能试着用匙。如果宝宝吃不好，家长应在旁边协助，用

另一只匙喂他。现实生活中许多父母也这样尝试，但因嫌脏、嫌慢、嫌乱而中途退却了，剥夺了宝宝锻炼自己吃饭的机会。有的甚至到了幼儿园大班年龄，还要大人喂饭。

## 宝宝“熬夜”，爸爸妈妈不可作陪

有些宝宝晚上20时睡着，可到了深夜1~2时睡醒就玩上了，一直至3~4时才能重新睡着。这种情况在这个年龄阶段的宝宝非常多见。遇上这种情况，家长一定要注意，千万不要陪宝宝半夜玩，不予理睬是最好的办法。否则就会让宝宝养成深夜玩的坏习惯，影响身体健康，同时家长也休息不好。深夜起来玩的宝宝基本上都是白天在户外锻炼不足。白天户外锻炼比较充足，宝宝感到疲倦，晚上就会睡得香甜。半夜起来玩一两个小时，而上午11时才起床的孩子，家长应该逐渐提前叫醒宝宝，同时尽量带宝宝到户外去玩耍。

## 降低宝宝在家发生意外的概率

1周岁以后的宝宝已经会走路了，但步子不太稳，对周围的一切都怀有一颗好奇之心，喜欢到处“探险”、到处乱逛，无论拿到什么东西都会往嘴里放。这时候可能发生的意外主要有：误食有毒物品、割伤、跌倒、溺水（水池、浴缸等）、爬高时的意外（坠落等）、到处探险时的意外（放碗碟的柜子、药柜等）。针对以上情况可采取以下相应的预防措施：

（1）家里的小物品要收好，以免宝宝误吞。

（2）不要让宝宝一个人进浴室，以防宝宝发生浴缸溺水的危险。

（3）保持室内房间畅通。如从门口到床边，最好是直线距离，不要让宝宝绕过桌子才能到床边，宝宝容易在走路的过程中碰撞。

（4）地板上要干净、空荡，可以让宝宝自由地爬或走。

（5）要给宝宝使用儿童餐具，不要使用刀叉及筷子。

（6）危险物品如小刀等，要收到不易打开的柜子里，或是宝宝拿不到的地方。

（7）尽量选用椭圆边的家具，避免其尖锐角外露，或是给尖角加上护套。

（8）若家中有楼梯，在楼梯口要安装栅栏，以免宝宝跌落。

（9）宝宝看到洞就喜欢把手伸进去，因此要把电器插头或插座封好；电线也要拉高、收好。

（10）热水壶要放在宝宝拿不到的地方；折叠椅也经常造成意外伤害，家里最好避免使用。

（11）窗帘最好用手转式的硬把手取代绳线；家里的书桌通常是1岁上下宝宝会撞到的高度（约100厘米）。建议用摆盆花挡住桌角，或给桌角加上护套。

（12）1岁左右的宝宝见到桌椅底下的空隙就钻，一定要记得检查桌子底下是否有凸出或没钉好的钉子。

（13）注意不要让宝宝自己跑到户外玩，这样可以大大减少交通事故以及溺水的发生率。尤其要杜绝，宝宝在大人疏忽时溜到户外的交通要道上玩。

## 处理好对宝宝的“隔辈溺爱”

俗话说：“公婆都爱头生子。”现在的宝宝，不光头生，而且独生，做爷爷奶奶的就更不知怎么爱才好了。溺爱的宝宝往往骄横、胆小、娇气、承受挫折的能力差，以自我为中心等，而这些宝宝又大多是跟着爷爷奶奶一起生活的。这种情况，真是如父母所说“不好办”吗？

### 沟通是关键

对宝宝的生理健康做爷爷奶奶的一般都比较重视，而往往忽略于宝宝的心理健康。他们往往会担心宝宝有没有吃饱，有没有穿暖，有没有发热，有没有受凉，却不大在意宝宝的能力、智力、情感方面的培养，喜欢尽量替宝宝想得“周全”：喂宝宝吃饭、替宝宝穿衣、抱宝宝下床，真恨不得跟宝宝一起上幼儿园才好。那么，做父母的就要注意和长辈们沟通了，告诉他们培养宝宝独立能力的重要性。让爷爷奶奶少“实行三包”，尽量让宝宝自己去思考和解决，给宝宝发挥才能和智慧的机会。当然，除了与长辈沟通外，与宝宝的沟通也不可少，只要给他们讲清楚利弊，相信长辈和宝宝都会很“通情达理”的。

### 坚持原则

现在的家庭，一个宝宝往往有爷爷奶奶、外公外婆、爸爸妈妈等好几个人围着转，很容易助长宝宝一方面“以自我为中心”，另一方面又极度依赖的不良心理趋势。宝宝有些不好的习惯，父母可以先稳定宝宝的情绪，再和爷爷奶奶进行沟通。可是有些原则性的问题，如撒谎、拿其他小朋友的东西、欺负别的小朋友等，这些时候，就务必要对宝宝进行“个别谈话”了，尽量不给爷爷奶奶袒护的机会。如何做到“爱而不溺”，教育宝宝可是一门必须掌握的学问。

# 营养配餐

## 肉末木耳——补充维生素及氨基酸

【材料】水发黑木耳20克，猪肉末50克，食用油、精盐、葱白各适量。

【做法】①黑木耳去蒂，洗干净；葱白洗净切成末待用。②锅中加水烧开，将黑木耳焯透捞出切碎。③炒锅上火，加食用油烧热，葱爆锅，煸炒猪肉末，加入黑木耳碎和精盐，炒熟即可。

黑木耳

【贴心提示】黑木耳含丰富的蛋白质、铁、钙、维生素及多种人体必需的氨基酸，黑木耳中铁的含量极为丰富，可防治宝宝患缺铁性贫血；黑木耳含有维生素K，能减少血液凝块；猪肉含有丰富的优质蛋白和必需的脂肪酸，并提供血红素和促进铁吸收，从而改善缺铁性贫血；但由于猪肉中胆固醇含量偏高，故肥胖宝宝不宜多食。

## 红薯鳕鱼饭——促进生长，提供蛋白质

【材料】红薯50克，鳕鱼20克，米饭1碗，油麦菜、精盐各适量。

【做法】①先将红薯洗净煮熟，去皮切丁；鳕鱼肉洗净后，用热水烫一下；油麦菜洗净，用热水焯一下，切碎待用。②锅内加水，下入红薯丁、鳕鱼、油麦菜碎，煮开后加入米饭搅拌均匀，加精盐调味即可。

【贴心提示】鳕鱼中含有丰富的蛋白质，脂肪含量较低，有助于

宝宝的生长。身体有病或有伤口时，也可以帮助恢复和愈合。

## 马蹄狮子头——改善缺铁性贫血

【材料】马蹄30克，猪五花肉100克，姜、淀粉、鸡蛋清、酱油、精盐各少许。

【做法】①猪五花肉洗净，切成末；马蹄、姜洗净、去皮、切末待用。②将肉末、马蹄末、姜末、蛋清、淀粉、酱油和精盐，一起搅拌至黏稠，用手捏成大小适中的肉团，上锅蒸熟即可。

【贴心提示】马蹄（荸荠）营养丰富，含有蛋白质、维生素C，还有钙、磷、铁、胡萝卜素等元素，马蹄有清热润肺、生津消滞、舒肝明目、利气通化等作用。猪肉为人类提供优质蛋白和必需的脂肪酸，可提供血红素和促进铁吸收的半胱氨酸，能改善缺铁性贫血。

## 三鲜蛋羹——补充蛋白质及矿物质

【材料】鸡蛋1枚，虾仁3粒，蘑菇、猪瘦肉各10克，葱、蒜、食用油、料酒、精盐、香油各适量。

鸡蛋

【做法】①蘑菇洗净切成丁；虾仁切丁；猪瘦肉切丁。②起食用油锅，加入葱、蒜煸香，放入虾仁丁、肉丁和蘑菇丁，加料酒、精盐，炒熟。③鸡蛋打入碗中，加少许精盐和清水调匀，放入锅中蒸熟，将炒好的菜倒入搅匀，再继续蒸5～8分钟，加香油即可。

【贴心提示】本品可以补充丰富的铁、钙和蛋白质。鸡蛋与海鲜都是良好的蛋白质来源，海鲜类食物可以提供丰富的铁、钙等矿物质，加在柔软易消化的蒸蛋中，易被人体吸收。

# 练出聪明

## 语言训练：正确引导宝宝学习语言

1周岁的宝宝语言还处于理解阶段，这时的宝宝能听懂大人的语言，但自己说话的积极性还不高，只能用简单的词句与人交往。如“爸爸”、“妈妈”、“饭饭”、“是”、“再见”等。但很多1岁的宝宝都能咿咿呀呀地说出简短的、语气有升有降的句子，这正是宝宝语言萌芽期。

而有的妈妈给宝宝说话时不抓重点，滔滔不绝地一口气给宝宝讲述很多事情，大量的陌生词语夹在里面，让宝宝无法模仿，失去了开口说话的机会。

带宝宝的时候，要一边做一边说，使宝宝的手、眼、脑协调起来，要用短小而简洁的词语，丰富多彩的句子，口音清晰地不断重复一个词，并把重音放在这个词上。如跟宝宝做积木游戏时，就可以一边做一边说：“这是一块积木，是一块红色的积木，宝宝用它来盖房子、拼火车。”这样既满足了宝宝的心理需要，语言也得到了丰富和发展。诱导宝宝说这些话，让宝宝在轻松愉快的情绪下很好地接受语言和领悟语言。

## 动作训练：培养宝宝的大小便意识

一般来说，1～1.5岁的宝宝在生理和心理的发育上已基本成熟，到

了开始训练其大小便的时候了。这时候宝宝大脑神经系统已基本成熟，已经基本能控制大小便了，需要大小便时，知道用语言、声音或肢体来向父母表达。

小便训练初期，父母应该首先摸清宝宝的排尿规律，如饮水后大概多长时间会排尿，抓准宝宝排尿的间隔时间，然后每次可提前几分钟提醒宝宝尿尿。而大便则一般安排在饭后进行，因为饭后由于食物的特殊动力作用，可促进肠蠕动，往往有助于粪便的排出。家长应鼓励宝宝在饭后自己主动坐盆，但不要强迫宝宝，否则会适得其反。

## 情感训练：让宝宝鉴别他人的表情

家长可以从书中寻找或自制三种表情图，一种是在笑，一种是在哭，一种是在生气。让宝宝通过图片学会鉴别他人的表情，然后让他自己也做一做笑脸、哭脸和生气的脸三种表情。如果家里方便照相，可以把照片拍下来给宝宝看，以让宝宝加深印象。

鉴别表情

懂得人的面部表情才能善于与人相处，这是宝宝与人交往必须要学到的本领。

## 社交训练：创造平等和谐的交往氛围

由于宝宝个性各异，能力不同，因而行为表现也各不相同。有的家长出于种种原因，会为自己的宝宝选择玩伴。如曼曼的外婆喜欢评判每个小伙伴，她说小伟太调皮，田田不活泼，磊磊常打人，而小健的家里玩具少，总拿曼曼的玩具玩。这样，可以和曼曼一起玩的小朋友就没

有了，外婆只好让曼曼在家里独自玩，或由外婆陪伴曼曼一起玩。令外婆没有想到的是，当曼曼看到其他同伴时，马上和他们玩了起来，而且小朋友们玩得兴高采烈，中间也有争夺玩具，也有拿不到玩具推人的，但是他们没有分开。等到外婆叫曼曼回家时，曼曼一百个不愿意，外婆哄了好久才把曼曼带走。

由此可见，宝宝选择玩伴，自然有他们自己的标准和办法，他们并不以成人的想法行事，家长不必越俎代庖。

# 走出误区

## 小心冷饮“抢”走宝宝的健康

炎炎夏日，不仅许多成人对冷饮有着特殊的偏爱，宝宝也不例外，而且百吃不厌。有些家长只要宝宝喜欢就给予满足，总爱买许多冰棒、冰激凌给宝宝吃，认为这些冷饮既有营养又可以消暑解渴。实际上，这些对宝宝非但没有好处，反而有害健康。为什么呢？

由于大量的冷饮进入胃中，胃液会被稀释而减弱了杀菌能力，对健康不利。同时，未成年宝宝的肠胃对冷饮的刺激比较敏感，吃了较多的冷饮以后，胃黏膜会受伤，胃体也会收缩，胃酸和消化酶大量减少，这就影响了食物的消化。又由于冷饮会使肠蠕动加快，宝宝的大便会变得稀薄，次数会增多而引起腹泻。另外，肠胃吸收了冷饮中大量的糖分，会影响食欲和进食。

因此，家长给宝宝吃冷饮要适量，且不要安排在饭前或睡前，容易腹泻的宝宝更应少吃或不吃。

## 勿让巧克力“毁”了宝宝的健康

巧克力香甜可口，很受宝宝喜爱，往往吃起来没够。不用说宝宝年纪小，自我控制力差，连有的大人都贪吃巧克力。有的家长以为巧克力营养丰富，就让宝宝多吃。那么巧克力到底有什么营养呢？

巧克力的主要成分是糖和脂肪，能提供较高的热量，具有独特的营养作用。在体力活动强度较大、消耗热量较多的情况下，吃一些巧克力可以及时补充消耗、维持体力。但是，巧克力的营养结构也有其不足之处，它的蛋白质和维生素含量非常少，而这些又是宝宝生长发育所必需的。吃巧克力后容易产生饱腹感，如果宝宝饭前吃了巧克力，到该吃饭的时候，就会没有食欲，即使再好的饭菜也吃不下。可是过了吃饭时间后他又会感到饿，这样就打乱了正常的生活规律和良好的进餐习惯。巧克力中所含脂肪较多，在胃中停留的时间较长，不易被宝宝消化吸收。宝宝的生长发育需要各种营养素平衡的膳食，如肉类、蛋类、蔬菜、水果、粮食等，这是巧克力无法代替的。巧克力吃多了还容易在胃肠内反酸产气，从而引起腹痛。

应该说，偶尔吃点巧克力并不会引起不良后果，如每天只给宝宝吃一次巧克力，每次只一小块，时间可安排在两餐之间，不要影响吃正餐。或者在宝宝大运动量活动之后，给宝宝吃一块巧克力，有助于宝宝恢复体力，只是别把巧克力当作营养的佳品即可。

Part 15

## 1.5～2岁：宝宝什么都想模仿着做

这个年龄段的宝宝什么都想模仿着做，当你做一些家务时，他总喜欢跟着你，学着你的样子干这干那。宝宝这一时期的模仿，主要是在动作和语言方面。好模仿是宝宝的天性，尤其是这个年龄阶段的宝宝，家长应多给其一些机会，让宝宝一旁看着然后也试试，对宝宝的身心健康发展都有很好的促进作用。而且，这个年龄段的宝宝记忆力和想象力也有所发展。如果把一件玩具藏起来，宝宝不会再认为它会消失了，而是会努力地寻找。

# 育儿须知

## 科学喂养，宝宝应远离五类食物

现代家庭养育宝宝，都讲究科学喂养，在大环境的改变下，食物对宝宝的成长发育也有很大的影响。因此，妈妈不要让自己的宝宝食用下列五大类食物：

### 腌渍食物

腌渍食物包括咸菜、榨菜、咸肉、咸鱼、豆瓣酱等，这类食物含有过高盐分，不但会引起高血压、动脉硬化等疾病，而且还会损伤动脉血管，影响脑组织的血液供应，导致记忆力下降、智力迟钝。人体对盐的需要量，成人每天在6克以下，宝宝每天在4克以下。日常生活中父母应少给宝宝吃含盐较多的食物。

### 过鲜食物

医学研究表明，孕妇如果在妊娠后期经常吃味精会引起胎儿缺锌，周岁以内的宝宝食用味精过多有引起脑细胞坏死的可能。世界卫生组织提出，成人每天摄入味精量不得超过4克，孕妇和周岁以内的宝宝禁食味精。即使宝宝大了也尽量少给宝宝吃含味精多的食物，如各种膨化食品、鱼干、泡面等。

### 煎炸、烟熏食物

鱼、肉中的脂肪在经过200℃以上的热油煎炸或长时间暴晒后，很容易转化为过氧化脂质，而这种物质会导致大脑早衰，直接损害大脑发育。

### 含铅食物

过量的铅进入血液后很难排除，会直接损伤大脑。爆米花、松花蛋、啤酒中含铅较多，传统的铁罐头及玻璃瓶罐头的密封盖中，也含有一定数量的铅。因此，这些“罐装食品”父母也要让宝宝少吃。

### 含铝食物

油条、油饼在制作时要加入明矾作为涨发剂，而明矾（三氧化二铝）含铝量高，常吃会造成记忆力下降、反应迟钝。因此，父母应该让宝宝戒掉以油条、油饼做早餐的习惯。

## 提早培养宝宝定时排便的习惯

良好的生活习惯，要在日常生活中通过条件反射而形成，所以定时大小便要从小培养训练。

宝宝在2～3个月以上就可以练习排尿，培养其把成人发出的“嘘嘘”声和排尿姿势联系起来形成条件反射。要摸清宝宝每日大、小便的规律，大便最好在早晨，小便的规律一般是睡眠后未尿床时排1次，喂奶后15～20分钟排1次。开始训练时要固定在睡前、睡后、哺乳前

后、出外回来时。经过一段时间后，即可在日间不兜尿布。1岁以上的宝宝，可将尿盆放在固定的地方，在成年人照顾下可坐盆大小便。1岁半以上的宝宝，可培养自己去坐盆，但一次坐盆时间不宜过长，一般大便坐5分钟左右，小便坐3分钟左右，坐盆时不能玩耍或吃、喝。夜间按时将宝宝叫醒坐盆小便，养成习惯后，晚上也可不兜尿布。2周岁以后一般不会尿湿裤子，但控制尿意的时间很短，一有排尿的表情必须及时照顾。

## 为宝宝营造一个和睦的家庭氛围

家庭关系是每个宝宝出生后初次体验的人际关系，正因为如此，宝宝才会受到家庭关系的巨大影响。父母任何时候都在努力为宝宝建立一个幸福的家庭，但有的却不得不选择分居或离婚，或者父母中一方因事故或疾病不幸死亡。但是，从许多实例的研究中发现，对宝宝的身心发育和成长影响最大的不仅是分居、离婚和死别这些变故，而且发生这些变故的前后对宝宝的影响更大。

对于要离婚的父母而言，不伤害宝宝是不可能的，要想最低限度地伤害宝宝，就要在短时间内了断，在保持友好关系的情况下分手，而不要把关系搞得长期紧张，反复争吵之后再离婚。要知道，最伤害宝宝的是父母既没有离婚，家庭也没有崩溃，而是父母长期反复争吵，关系又十分紧张的状态。分居、离婚和死别等变故当然会使孩子焦虑、紧张，有时长大以后也会留下难忘的痛苦记忆。不过，一般认为留下强烈记忆是因偶然发生的变故所致，而不是常说的精神创伤所致。因离婚造成的不安定状态，如果在比较短的时间内被修

复，在精神上也返回安定生活的状态，可以说很少会给宝宝造成精神障碍。即使父母自杀也不例外，虽然这是极端的事例。

与一过性的强烈的刺激相比，更加值得注意的是虽然微弱却是连绵不断的烦恼。长期争吵和紧张关系日复一日地给宝宝心灵带来焦虑、紧张，会给宝宝的人格造成巨大影响。对于没有幸福感的父母，宝宝也不能放心依靠，父母容易对宝宝过度干涉，大人之间的矛盾也会影响亲子关系等，这些具体的负面因素错综复杂。长期接受这些不良刺激的宝宝，表现出来的并不是忧郁和神经功能等方面的精神障碍，多数表现为攻击性、反抗性、反社会性的行动障碍等。

## 巧妙解决宝宝之间的“战争”

宝宝和小朋友们在一起玩的时候，难免磕磕碰碰，有时候会发生争吵，在这种情况下，父母应该怎么处理呢？

（1）不要把事情想象得太严重。宝宝之间的争吵和脾气、性格没有直接的联系，因为宝宝冲突的时候都不懂得忍让，也不懂得相互理解，所以只有一吵了之。而这种争吵也没有父母想得那么严重，不会让两个宝宝老死不相往来，因为他们往往刚吵完就和好，如同游戏一般。

（2）应先分开宝宝，再弄清事实，然后再作处理。父母切不可爱子心切，一味偏袒和纵容，抱着只要自己的宝宝不吃亏就没事的态度火上浇油。当父母听了双方的解释时，应给宝宝一个公正的裁判，并教育宝宝要互相友爱，下次出现这样的问题，可以请大人来裁决。而如果一时弄不清是谁的错，父母也不要着急，可以同时对两个宝宝进行教育，也适当地表扬他们有做得对的地方。这样，过不了一会儿，他们就和好如初了。

（3）如果宝宝特别喜欢和人争吵，这对他的人际交往是非常不利的，可能会遭到其他宝宝的排挤，父母可采取遇到问题就让宝宝冷静或将其暂时隔离的办法来缓和他的情绪。

# 营养配餐

## 虾皮冬瓜汤——润肺生津，化痰止渴

【材料】虾皮10克，冬瓜100克，鸡蛋1枚，香菜、精盐各适量。

【做法】①冬瓜去皮、瓤，洗净，切成块；鸡蛋打匀；香菜洗净切碎，待用。②虾皮用温水浸泡20分钟，沥干，切碎。③锅中加水，将冬瓜、虾皮放入锅中，直到冬瓜煮烂为止。④加入少许精盐，淋上鸡蛋液，煮开撒上香菜即可。

【贴心提示】冬瓜中含有大量的水分，还含有丰富的营养素，如蛋白质、碳水化合物、粗纤维、铁、钙、胡萝卜素等，具有润肺生津、化痰止渴、清热解毒的功效。

## 奶酪鸡蛋三明治——补充维生素、矿物质

【材料】原味面包2片，鸡蛋1枚，熟火腿10克，番茄、奶酪各1片，原味色拉酱、食用油各适量。

【做法】①将面包切去四边放入平底锅，用小火加热，烤至单面焦黄后取出。②锅内倒入少许食用油，将鸡蛋打入，煎成荷包蛋。火腿切成片备用。③在烤面包的面上，涂上少许色拉酱，放上火腿片，再放番茄片、奶酪片，放上荷包蛋，最后盖上另一片面包片。

【贴心提示】三明治中含有大量的蛋白质、碳水化合物、维生素和矿物质。

## 豌豆炒虾仁——促进身体发育及智力发育

【材料】豌豆60克，虾仁30克，食用油、鸡汤、精盐各适量。

【做法】①将豌豆洗净，煮软，备用；虾仁用温水泡发。②炒锅内放食用油加热，烧至四成热，加入豌豆煸炒片刻；再加入虾仁煸炒2分钟左右，倒入鸡汤；待煨至汤汁浓稠时，加精盐调味即可。

虾仁

【贴心提示】豌豆和虾仁的搭配，含有丰富的蛋白质、脂肪、碳水化合物、胡萝卜素、维生素、钙、磷、铁、碘等营养物质，能促进宝宝生长发育及智力发育，还有明目作用。可有效预防贫血、甲状腺肿大、夜盲症。

## 山药排骨——有效改善虚弱体质和贫血

【材料】猪排骨100克，山药50克，姜、精盐各适量。

【做法】①山药洗净，去皮，切块；猪排骨洗净，剁成块。姜切片备用。②将排骨和姜放入锅内，加适量水煮开后，放入山药，转中火炖熟，加精盐调味即可。

【贴心提示】山药含有淀粉质、脂肪、黏液质和蛋白质，可为人体所吸收，极易消化，能够有效改善虚弱体质和贫血，增加宝宝的抵抗力。炖排骨时加入点醋，可以促使钙质释放；山药切块后放入水中可防止氧化。

# 练出聪明

## 语言训练：认真对待宝宝的每一个提问

宝宝1岁半以后，已经有了一定的语言能力和思考能力，他对周围的一切感到新鲜和好奇，想用语言来表达自己的好奇和发现，但不知道应该怎样表达好，就求助于妈妈，于是不停地问妈妈：“这是什么？”妈妈要鼓励宝宝这种探索心理，妈妈的回答要简捷、正确，尽量用形象化、丰富多彩、充满诗情画意的语言，对于善于模仿的宝宝来说，妈妈的回答对丰富宝宝的语言有很大的启迪作用。不会回答的问题，也要说：“你的问题很好，但我也不知道，等我查一查再告诉你吧。”然后尽快找到答案。

妈妈不要随口回答宝宝的提问，也不要总是说“妈妈正忙着呢”、“一会再说吧”、“一边玩去”来敷衍宝宝。

## 动作训练：扔物，宝宝身心发展必修课

1岁多的孩子喜欢故意扔东西玩。他们坐在床上倾斜着身子，一本正经地把一件一件玩具、一块一块食品或其他东西向地上扔去。扔完了就要大人帮着捡起来，然后他又把它们统统扔掉。许多父母对此很反

感，认为给自己带来了很多麻烦。然而，他们不知道，对宝宝来说，这是一件很有意义的事情。

首先，这标志着宝宝能够初步有意识地控制自己的手了，这是大脑、骨骼、肌肉以及手眼协调活动的结果。反复扔物，对于训练宝宝眼和手活动的协调大有好处，对于听觉、触觉的发展以及手腕、上臂、肩部肌肉的发展也有促进作用。其次，通过扔东西，可使宝宝看到自己的动作能够影响其他物体，使之发生位置或形态上的变化。由此可见，扔物是宝宝身心发展自然而正常的需要，家长不应阻止、限制宝宝扔物，而要允许宝宝扔物。当然，给宝宝扔的物品应是可以扔的东西，如塑料玩具、积木、皮球等，不能扔的东西应放到宝宝拿不到的地方。还要注意不能让宝宝扔吃的东西，发现宝宝扔吃的，应该马上把食物拿走，并告诉宝宝“这吃的东西不能扔”等。

## 社交训练：锻炼宝宝独立的性格

随着年龄的增长，宝宝的独立意识在逐步加强，他们产生了争取独立、探索新环境、结交小朋友的强烈愿望。如有的宝宝，大人在家里做家务时，他会一个人在家里到处走走玩玩，一会儿把玩具搬出来摆弄摆弄，一会儿又钻到桌子底下东爬一阵西爬一阵，还不时捡起小块东西用舌头舔舔、尝尝。不一会儿，又见他抱起玩具娃娃并和它说话。突然，他似乎感到有些孤独，于是连忙又回到爸爸妈妈身边去了。

独立需要自由，但独立同样需要安全。有的人将这两点的关系混淆了，他们试图用“关禁闭”的方法、用对哭哭啼啼的宝宝置之不理的方法来培养孩子的独立性，这样做对宝宝是很不利的，也很难达到培养宝宝独立性的目的。要知道，宝宝争取独立的勇气大部分来自于父母无时不在的保护。1岁多的宝宝正处于生活的十字路口，助其一臂之力，便会日渐独立起来，变得比较信赖自己，比较亲近他人，比较热情爽快。反之，如果对他们限制太多，不许他们与别人接触，整天让他们躲在父母的羽翼之下，他们就会形成对父母的依赖，见了生人扭扭捏捏，躲在自己的小天地里钻不出来，结果束缚了宝宝的身心发展。

## 情感训练：正确对待宝宝的情感发泄

宝宝总有些不顺心的事，如自己的要求得不到满足，或者患有疾病等，偶尔发发脾气，对于感情冲动的宝宝来说，这是极其自然的表现方法。问题是父母如何对待？如果父母把宝宝的这种表现看成是对自己提要求，没等宝宝发作便满足了要求。这样，宝宝就会感到，只要自己大发脾气就会什么事都能如愿以偿。所以，遇上一件小事，宝宝也要躺地打滚。因此，在宝宝因某件不合理的事情未得到满足而发脾气的时候，可以采取一概不理睬的态度，不要跟宝宝讲道理。因为宝宝这时正沉浸在一个生气的海洋里，什么道理都听不进去。尤其不要在这时打骂宝宝。若你对宝宝大吼，

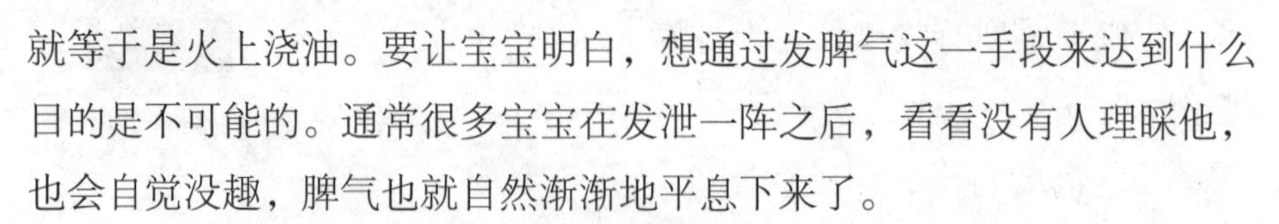

就等于是火上浇油。要让宝宝明白，想通过发脾气这一手段来达到什么目的是不可能的。通常很多宝宝在发泄一阵之后，看看没有人理睬他，也会自觉没趣，脾气也就自然渐渐地平息下来了。

当宝宝因生病、身体不舒服而发脾气时，应对宝宝多关心、体贴一些，可也不能无原则地对宝宝百依百顺，无原则地迁就宝宝。

# 走出误区

## 喝水别贪多，小细节蕴涵大学问

水是生命之源，成人体重中水分占了60%，而婴幼儿达到70%~80%。这些水从何而来？主要靠嘴一口一口喝进去。怎样给宝宝喝水？虽然不起眼，可大有学问呢。

### 让宝宝养成良好的饮水习惯

让宝宝喝水不要太快，不要一下子喝得过多，否则不利于吸收，还会造成急性胃扩张，出现上腹部不适症状。另外，要教育宝宝不要喝生水，以防感染胃肠道传染病。如果宝宝因病出现缺水症状时，除了通过喝水的方式补充水分外，还要根据病情，在医生的指导下，通过口服或静脉输液等途径补充水分。

### 饭前忌给宝宝喝水

有些家长喜欢在饭前给宝宝喝水，殊不知，饭前给宝宝喝水会稀释胃液，不利于食物消化。而且宝宝喝得肚子胀鼓鼓会影响食欲。恰当的方法是，在饭前30分钟，让宝宝喝少量水，以增加口腔内唾液分泌，帮助消化。

### 睡前忌给宝宝喝水

年龄较小的宝宝在夜间深睡后，还不能完全控制排尿。若在睡前喝水多了，容易遗尿。即使不遗尿，一夜起床数次小便也会影响睡眠，导致次日精神不佳。

### 勿用饮料代替白开水

不少家长用各种新奇昂贵的甜果汁、汽水或其他饮料代替白开水给宝宝解渴或补充水分，这是不妥当的。饮料里往往含有较多糖分和电解质，口感很好，但是喝下去不能像白开水那样很快离开胃部。饮料长时间滞留在胃部会产生刺激，影响消化和食欲，还会加重肾脏负担。宝宝口渴了，只要给他们喝些白开水就行，偶尔尝尝饮料之类，也最好用白开水冲淡再喝。

### 忌给宝宝喝冰水

大多数宝宝生性好动，活动后往往浑身是汗。有的家长习惯给宝宝喝一杯冰水，认为这样既解渴又降温。其实，大量喝冰水容易引起胃黏膜血管收缩、影响消化、刺激胃肠，使胃肠的蠕动加快，甚至引起肠痉挛，导致腹痛、腹泻。

### 久存的开水最好不要给宝宝饮用

室温下存放超过 3 天的饮用水，尤其是保温瓶里的开水，易被细菌污染，并可产生具有毒性的亚硝酸盐，喝多了可使血液里运送氧的红细胞数量减少，造成组织缺氧。亚硝酸盐在体内与有机胺结合，形成亚硝胺，是一种危险的致癌物质。

## 别忙刷牙，漱口为刷牙打下基础

漱口能够漱掉口腔中的食物残渣，是保持口腔清洁的简便易行的方法之一，应教会宝宝将水含在口内、闭口，然后鼓动两腮，使漱口水与牙齿、牙龈及口腔黏膜表面充分接触，利用水力来回冲洗口腔内各个部位，使牙齿表面、牙缝和牙龈等处的食物碎渣得以清除。可以先做给宝宝看，让宝宝边学边漱口，逐步掌握。

# Part 16

## 2～3岁：宝宝协作能力形成的关键期

这个年龄段的宝宝，开始喜欢有同伴一起玩，并且感到很快乐。但是，真把他们放在一起玩，不一会儿就会发生“争夺战”，哭成一片。这是因为他们虽然初步具备了自立能力，但还没有协作能力的缘故。宝宝以自我为中心，不考虑别人的感受，行为易受情绪支配。常常由于自己的行动受到限制而不能控制自己的行为而打人、咬人、踢人等。根据以上这些特点，成人应以自身良好的言行为榜样，让宝宝模仿，并向宝宝传授和同伴友好相处的方式方法，在实践中进行正确的指导，使宝宝的社会行为获得正常的发展。

# 育儿须知

## 宝宝玩具，清洗、消毒有原则

玩具是与宝宝朝夕相伴、亲密无间的好伙伴。玩耍时，宝宝是至高无上的统治者，玩具要听从指挥随时上天入地。这样一来，细菌、病毒和寄生虫自然就会见缝插针，一起向玩具进攻。

玩具上的病菌对免疫力低下、缺乏卫生意识的宝宝来说，是十分可怕的。爸爸妈妈对此可不能掉以轻心，为防止宝宝通过抚摸、咬噬玩具，而受到细菌感染，应当经常对玩具进行清洗、消毒。那么，如何正确给宝宝的玩具消毒呢？

（1）不要用同一块抹布到处擦，附着大量细菌、病毒的抹布，如果既用来清洁家居又用来擦拭玩具，只会越擦越脏的。

（2）要选择婴幼儿专用的清洁、消毒用品，因为普通的消毒剂可能会对宝宝的呼吸道产生刺激。

（3）刚刚买回家的新玩具或是宝宝拿到外面去的玩具，都应该及时清洗、消毒后再给宝宝玩。

（4）宝宝从外面游玩回来，爸爸妈妈要先让宝宝洗手再玩玩具，这样外面的细菌、病毒就可以避免了。

（5）玩具在清洗、消毒后，不要忘记至关重要的环节——烘干。

## 准备爱心牙具，帮助宝宝爱上刷牙

### 准备牙刷

宝宝的牙齿比较脆弱，很容易受伤害，给宝宝选牙刷要特别注意。一般不要给宝宝选择猪鬃毛的牙刷。因为这种牙刷的毛中间是空的，很容易潜伏细菌，也很难清洁。为孩子选择尼龙牙刷比较好，这种牙刷弹性好，不容易长细菌，只是要注意选择毛柔软一些的就可以了。最好选择儿童专用的小牙刷，这种牙刷的一般设置为刷头2厘米左右，毛束为两排，每排4～6束。在使用的时候要注意，平均每3个月要换一次牙刷，如果牙刷的毛变形了则要马上更换，以免伤着宝宝。

### 准备牙膏

一些父母在为宝宝选择含氟牙膏的时候很矛盾。因为有的专家说含氟牙膏可以预防龋齿，有的专家又说含氟牙膏对牙齿有不良反应。那么含氟牙膏到底对宝宝的牙齿是好还是坏呢？如果有不良反应又该如何预防呢？其实，一方面，2～3岁的孩子正处于牙齿发育的敏感期，含氟牙膏可以帮助其远离龋齿，拥有一口健康、漂亮的牙齿；另一方面，氟也的确是一把双刃剑，含氟量适当时对人体并没有不良反应，而含氟量太高就会产生毒性作用。它会引起骨头和关节的病变，导致氟骨症和关节炎。若是摄入过量的氟化物时间较长，则可能会引起氟牙症，使牙齿的釉质变色，轻者呈白垩色横纹或斑块，重者呈黄褐色，并出现凹凸缺损。科学调查发现，引起幼儿氟牙症的重要原因之一便是误咽含氟牙膏。这主要是因为宝宝的神经尚未发育完全，咽喉的活动不能得到很好的控制，刷牙时会吞咽部分含氟牙膏。而刷牙方法不正确、刷牙次数太频繁、漱口又不够干净，往往在口腔内残留部分牙膏，长期如此，氟的摄入量就会过多。

## 要及时纠正宝宝的不良行为

“宝宝最近不知从哪儿学的，‘他妈的’、‘毛病’、‘神经病’成了他的口头禅了，并且还动不动就打人，真让人头痛，有时真的想揍他，我到底该怎么办呢？”许多家长都会遇到类似问题，下面还是来听听专家的解释吧。

3岁以内的宝宝出现攻击性的行为很正常，应该辩证地看待这些行为：一方面，这种行为只是婴幼儿发育到这个年龄的标志，每个婴幼儿都会经过这个时期，爸爸妈妈不必过于担心。另一方面，虽然这是婴幼儿必经的一个过程，但如果爸爸妈妈对宝宝的错误行为不作正确的指导，宝宝很可能会养成打人的坏习惯。以下建议可供你参考：

（1）对宝宝的脏话进行分析，是对“事”还是对“人”？是何种类型：是骂着玩，还是恶意的。

（2）让宝宝对着镜子“骂自己”，看看他自己的心理感受。

（3）问宝宝骂人能不能解决问题？想达到什么目的，指导宝宝学会在气愤时冷静一分钟，以正确的途径去解决与他人的冲突与摩擦。

（4）要求骂人的宝宝自我检讨，当宝宝骂人后，家长要给予一定的批评。

## 远离疾病，保持良好的卫生习惯

在日常生活中，保持良好的卫生习惯、进行有效的日常消毒除菌是杜绝各类病菌滋生和避免交叉感染的有效方法。病从口入，家庭卫生习惯不好，宝宝健康堪忧。因为宝宝抵抗力相对较弱，又习惯四处抓

摸，如果清洁卫生不够，很有可能在不经意间染病。要保证家庭清洁卫生，维护家人和宝宝的健康，需要特别关注四大卫生问题：手部卫生、物体表面卫生、厨房卫生和衣物卫生。

## 洗手持续20秒钟

手部卫生是保证宝宝健康的第一步，能大大减少肠胃传染病、呼吸系统和皮肤传染病的传播。因此，在接触生食前后、饭前便后和为婴儿换尿布之后、触摸动物或宠物物品之后、接触可能被污染的物品（如抹布、垃圾桶）后都要及时洗手。在家中一般使用抗菌皂和清水洗手就可减少疾病传染的危险，应至少在流水下洗20秒钟以上，之后需用清洁的干毛巾擦干双手。

## 抹布至少每天消毒一次

物体表面的清洁，家中最需要注意的是那些容易被微生物污染的物品表面（如切菜板、厨房台面、抹布、冲马桶的手柄），或是那些经常接触的表面（如门把手、冰箱门把手、电灯开关、电话）。清洁家中物体表面时，抹布的干净是最重要的，最好使用一次性抹布，否则一天至少对抹布消毒一次。可采用高温机洗（60℃以上）、煮沸或用消毒剂消毒，然后尽量自然风干；且清洁厕所的抹布不能用于清洁家里的其他地方。尽量用流水彻底冲净物品表面，每天用除垢剂（液体或固体皂）及热水清洁，若不能用流水冲洗，则应该先清洁再消毒，除去残留细菌。

# 营养配餐

## 清蒸莲藕丸——补充膳食纤维，促进消化

【材料】糯米粉50克，莲藕100克，猪肉末30克，精盐、料酒、食用油各适量。

莲藕

【做法】①莲藕去皮，洗净，打成蓉，加入猪肉末、精盐、料酒和食用油拌匀。②将莲藕肉泥放入糯米粉中，揉成丸子。摆放整齐放入盘中，用蒸锅蒸熟即可。

【贴心提示】莲藕具有排毒功能，其富含膳食纤维，能促进肠胃蠕动。把莲藕剁碎做成丸子，清香软糯，适合宝宝口味。

## 肉末烧茄子——补充维生素与矿物质

【材料】猪肉50克，茄子100克，干口蘑5克，食用油、精盐、酱油、葱末、姜末、蒜末各少量。

【做法】①将猪肉洗净，剁成碎末；口蘑用开水浸泡开，洗净泥沙，切成小碎块；将茄子洗净削去皮，切成菱形块。②将食用油放入炒锅内，热后投入茄子块煸炸至黄色，将茄子盛出，再加入葱末、姜末、蒜末煸炒肉末后，放入茄子炒拌均匀，再放入水发口蘑、酱油、精盐、浸泡口蘑的水等，烧至茄子入味即可。

【贴心提示】茄子含有多种维生素以及钙、磷、铁等矿物质，茄子鲜香，软烂。做此菜时，干口蘑经水泡发后的水，经沉淀后炒菜用，汤味十分鲜美。煸炸茄子时油温要热，火要大，茄子需先用食用油煸炸熟，然后再加入调味品一起烧。

## 麦片赤豆粥——补脾健胃，促进肌肉生长

【材料】牛奶50毫升，麦片30克，粳米、赤豆各50克，白糖少许。

【做法】①麦片、粳米、赤豆分别洗净，将赤豆泡入水中1小时。②锅内加水，放入赤豆和粳米大火煮开转为中火煮30分钟，加入麦片、牛奶搅拌，再煮5分钟，放白糖即可。

【贴心提示】赤豆有消肿、补脾健胃的作用；麦片能产生生长激素，分解脂肪，促进宝宝肌肉生长。

赤小豆

## 鸽蛋益智汤——补充营养，增智补脑

【材料】鸽蛋5枚，枸杞子10克，桂圆肉20克，葱末、姜片、精盐、胡椒粉、香菜末、清汤各适量。

【做法】①将枸杞子、桂圆肉用温水洗净，枸杞子切成细末；鸽蛋用水煮熟，剥去壳。②将枸杞子、桂圆肉放入锅中加清汤煮10分钟，加精盐、胡椒粉、葱末、姜末。再将鸽蛋放入汤锅中，煮沸起锅，撒上香菜末，搅拌匀即可。

【贴心提示】鸽蛋、枸杞子和桂圆肉的搭配，汤中含蛋白质、脂肪、维生素、矿物质等营养物质，具有增智补脑的功效。

## 芝麻肝——补充大量蛋白质、卵磷脂

【材料】猪肝100克，鸡蛋1枚，芝麻200克，面粉100克，食用油、精盐、葱末、姜末、花椒盐各适量。

【做法】①将猪肝切成薄片，用精盐、葱末、姜末腌渍，沾上面粉、鸡蛋汁和芝麻。②将食用油倒入锅内，烧至六七成热，放入猪肝片，炸透出锅装盘，吃时蘸花椒盐即可。

【贴心提示】芝麻含有大量的脂肪和蛋白质，还有膳食纤维、维生素$B_1$、维生素$B_2$、烟酸、维生素E、卵磷脂、钙、铁、镁等营养成分。炸时油温不能太高，以免把芝麻炸煳。

# 练出聪明

## 语言训练：让“英语儿歌”伴宝宝成长

3周岁宝宝学英语已经成为社会的普遍共识。由于幼儿的认知能力和心理特征都处于启蒙阶段，所以学习英语不论是内容上，还是在形式上都要突出“乐”，寓教于乐，快乐学习是学英语的基本宗旨。

孔子云：“知之者不如好知者，好知者不如乐知者。”为使幼儿在特定的语言环境中感悟英语、喜欢英语，为此幼儿专家采取了多种多样的设计活动充实课堂，如编儿歌来帮助幼儿学习英语，让宝宝在较短的时间里掌握相对较多的单词。以下英语儿歌可供每个渴望宝宝成长的父母参考：

- 苹果apple圆又甜，香蕉banana两头弯，
  橘子orange甜又酸，番茄tomato味道鲜，
  花生peanut粒粒满，玉米corn棒棒尖。
- 米饭rice喷喷香，面条noodle细又长，
  饺子dumpling包大馅，蛋糕cake软又黄，
  牛奶milk加点糖，面包bread香又香，
  糖果candy甜又甜，鸡蛋egg有营养，
  汉堡burger快来尝，英语单词全学会。

- Soup，soup好鲜汤，jam，jam甜果酱；
  Ham，ham火腿肠，sundae，sundae水果冰激凌真凉爽；
  Frenchfries法式薯条，甜脆香，小朋友们不挑食，聪明漂亮又健康。
- 猪肉pork油腻腻，牛肉beef壮身体，
  鸡肉chicken香又嫩，鸭肉duck味最美，
  鹅肉goose都来尝，鱼肉fish鲜又香，
  羊肉mutton营养多，肉类总称是meat。

我们传统文化中的瑰宝《三字经》、《百家姓》、《千字文》、《唐诗三百首》等，都是因为它们的编排方式通俗易懂，读起来朗朗上口，儿童们"熟读唐诗三百首，不会作诗也会吟"。英语同样也是如此，聪明的父母赶快行动起来吧，用英语儿歌拍起宝宝小手唱起来，让宝宝在美妙的韵律中学习。

## 记忆训练：教导宝宝防走失

带宝宝外出时老是紧跟在他的身后也不是万全的办法，而且这样做家长也会很累。从宝宝刚学会说话和走路开始，就要教他一些必要的知识，做好预防工作。再带宝宝外出时，你就不会这么费心了，即使不小心宝宝走丢了，他也会知道如何应付这样的情况。

### 教宝宝不要乱跑

教宝宝不要乱跑是最基本的。从宝宝学会走路开始，你就可以告诉孩子："只要是在外面，不论是公园还是商场，你都不可以随便乱跑。如果你要去游玩或者想看看商店里好玩的玩具，都要先告诉爸爸妈妈，大人同意以后才能去。"从小让他知道这样的道理，当他能完全独立行走时，他就知道自己该怎么做了。如果某次带宝宝出去时他并没有照你教的去做，你可以给他一点小小的教训，让他记住教训，以后不要再犯同样的错误。当然要让他清楚地知道是因为什么原因而受罚的。

## 教宝宝记住家庭资料信息

教宝宝记住家庭的基本信息，在宝宝走失或遇到其他突发事件时都是有用的。在宝宝刚学会说话时，就要告诉他爸爸妈妈的姓名和自己的姓名，不妨让他当作游戏常常练习；从宝宝知道数字时，告诉他自己家的电话号码；宝宝再大一点，教他记住家的地址和父母工作的单位。此外，让宝宝记住110报警电话。

## 教宝宝应对走失状况

在人多的时候，尽管家长很细心，有时候还是有可能不小心把宝宝丢了。如果你平时就教会宝宝应对的方法，这时就不会太手足无措了。

（1）站在原地。告诉宝宝当他发现和父母走失了，不要害怕和慌张，可以大声地喊几声“爸爸”或“妈妈”，如果父母就在附近，他们就能听到声音来找。如果没有回应，告诉宝宝先不要到处乱找，而应该站在原地，因为父母发现宝宝不见了，会循着原路来找他。

（2）找可靠的人帮助。告诉宝宝在原地等了一段时间还不见爸爸妈妈，那就需要找一个可靠的人来帮忙。

如果是在商场、公园等地方，应该去找里面的工作人员帮忙，请他们帮助广播找人，或者帮忙打电话给爸爸妈妈；如果是在马路上，那应该找警察叔叔或解放军叔叔。

家长一定要告诉宝宝，千万不能乱找人来帮忙，尤其是在车站、码头等闲杂人多的地方。

（3）自己打电话。大多数的孩子都很喜欢在家里打电话和接电话，你不妨也教会他怎样打公用电话。当他和爸爸妈妈走散的时候，就可以直接给家长打电话。

## 认知训练：教会宝宝识别危险

你可以设置各种场景，模拟不安全的环境，给宝宝讲解，甚至让宝宝亲身感受某些情况下可能发生的不适、痛苦和危险。如此形成条件反射，宝宝就会自动学会规避风险了。如你想让宝宝了解杯子打碎时的危险，你在讲解时，可以拿一只尖物来刺他的手和皮肤，让他感受疼痛。当然，你也不能整天吓唬他，要以鼓励和表扬为主，让他在快乐中开阔眼界，学习更多的新事物。

## 社交训练：让宝宝学会体贴与分享

2~3岁左右的宝宝无法体会他人的感受，又欠缺沟通的技巧，不要期望一群宝宝自己可以玩得很好，如果没有大人的监督，宝宝的游戏很快就会落入一团混乱的纷争。此时，大人适时地引导，可帮助宝宝发展社会能力。如父母可以跟宝宝解释："幼儿园的玩具是属于大家的，如果你想先玩滑梯，就让别的小朋友先玩娃娃。"并教宝宝问其他正在玩滑梯的小朋友："我可不可以和你们一起玩？"若宝宝们坚持不愿意一起玩，父母也可充当计时员，指导宝宝学习轮流，一人玩一段时间。

宝宝要学会分享

虽然宝宝是以自我为中心的，但只要大人耐心辅导，让宝宝多经历几次成功的合作游戏，那他们心中刚刚萌芽的友谊观念会渐渐成熟，并学会体贴别人、与人合作和轮流玩玩具了。

## 喝水勿加“料”，让宝宝爱上白开水

“我要喝可乐，我不想喝白开水！”对很多宝宝来说，这样的坚持似乎常会成为与父母间“拉锯战”的开始。怎么才能让宝宝多喝一点白开水呢？

### 身教重于言教

自己喝着可乐却要宝宝多喝水，没有说服力，宝宝也会觉得不公平。

宝宝是看着父母长大的，他看到爸爸妈妈口渴了就倒杯水来喝，自然就学着喝水；如果他看到爸爸妈妈经常到冰箱找饮料喝，就算当面不敢，背地里也可能偷偷畅饮。

### 化被动为主动

想办法让宝宝喝水，但要给得自然，不要刻意。如在宝宝活动的地方准备一瓶水，观察他喝了多少，如果喝得太少就提醒他，但不要强迫；非正餐时间，当宝宝渴了或饿了向你要东西吃时，请他们先喝水。

### 父母的立场要一致

觉得对的事，就要坚持立场。所以家长必须沟通好，千万不要发

生“跟妈妈要不到，跟爸爸要就有”的“漏洞”。

### 让宝宝知道“为什么不”

家长在拒绝宝宝的时候，一定要让他们知道为什么，否则宝宝可能会认为“不是不能喝，是你不让我喝”。要帮宝宝建立“偶尔喝饮料可以，但平常要喝没有味道的水才正常”的观念和习惯。当然，也不妨跟宝宝定好“规矩”，如承诺他“一个星期有一天可以喝蜂蜜水”，帮宝宝解馋，也满足他的好奇心。

### 家里不存饮料

既然不想让宝宝成天抱着饮料瓶，那么家长就要做到不买或少买，也不在家里存饮料。就算偶尔让宝宝解解馋，也应该当场就喝完。

### 在对峙中不能示弱

当宝宝吵着非饮料不喝时，家长可不能因为担心他水分摄取不足而妥协。一个“怕”字，很容易让家长变得被动。除非宝宝出现脱水现象（如不爱动、皮肤干燥、嘴唇干裂等），否则家长不必太焦虑。

## 勿让宝宝进入睡眠误区

对小宝宝来说，睡眠直接影响着身体健康和生长发育。在睡眠中，体内分泌出一定的生长激素，能够促使宝宝长高；如果睡眠不好，生长激素分泌就会减少，影响宝宝发育，因此爸爸妈妈都希望宝宝每天都能拥有好睡眠。不过，这里需要提醒的是，有10种睡眠方式是不可取的，也是必须给予纠正的。

### 吓唬宝宝睡

有时为了让宝宝尽快入睡，妈妈常常采用吓唬的办法，“如果不

睡觉，大灰狼就会来”等。其实，这样做反而会让宝宝的神经系统受到强烈刺激，使他根本不能入睡或者入睡不安稳。况且，宝宝受到恐吓后，即便是睡着了也有可能做噩梦，睡眠质量大打折扣。

## 摇着宝宝睡

当宝宝哭闹不愿入睡时，一些性急的妈妈往往会把宝宝抱起来摇一摇，晃一晃，或者把他放在摇篮里摇来晃去。其实，这样入睡有一种潜在的危险。由于小宝宝的大脑尚未发育完全，摇晃会使宝宝的大脑在颅骨内不断晃动，造成脑部小血管破裂，颅内出血，轻者智力减低，严重者肢体瘫痪，甚至死亡。即便没有发生以上情况，也会让宝宝养成不摇晃就不能入睡的坏习惯。

## 搂着宝宝睡

有些妈妈出于母爱，喜欢搂着宝宝睡觉。可是，被搂着的宝宝呼吸不到新鲜空气，而是吸入了妈妈呼出的废气，这对宝宝的身体健康很不利。此外，搂着宝宝睡还会限制宝宝自由活动，难以伸展四肢，影响血液循环和生长发育。

## 让宝宝晚睡一些

家长有晚睡的习惯，受其影响，宝宝也养成了晚睡的习惯。但是，由于生长激素的分泌高峰是在夜间22～24时，如果晚睡，宝宝体内的生长激素的分泌势必降低，身高便会受到影响；晚睡还会造成睡眠不足，影响正常的生活。因此，你应该以身作则，培养宝宝早睡早起的好习惯。

## 宝宝俯卧睡

宝宝的睡姿是否正确，直接影响其生长发育和身体健康。一些妈妈喜欢让宝宝俯卧睡，殊不知，这种睡姿并不安全，因为宝宝的口鼻易被阻塞，会引起呼吸困难，甚至窒息而死，称为猝死。以前一些西方国家也主张宝宝采用俯卧睡姿，但后来发现这种睡姿导致宝宝发生窒息猝死的概率增加，现在都提倡采用侧卧睡姿。

## 宝宝蒙头睡

尤其是在冬季，怕宝宝受凉，妈妈总是用被子把宝宝蒙得严严实实的。然而，婴幼儿新陈代谢远比成人旺盛，被子内的温度又高，以致宝宝大汗淋漓，容易发生虚脱和呼吸不畅，引发“焐热综合征”。

## 让宝宝睡电热毯

冬季，有些妈妈为了让宝宝睡在暖和的环境中，让他睡在电热毯上。但电热毯加热的速度很快，温度过高会使宝宝体内水分丧失，发生脱水，引起宝宝烦躁不安、哭闹不停，使其健康受到损害。让宝宝睡在通宵加热的电热毯上则更不可取。如果确实需要，可先将电热毯预热，待宝宝上床后就应及时切断电源，切忌通宵不断电。

# Part 17

## 疾病调治

宝宝的健康牵动着每一位父母的心，让宝宝远离疾病、拥有健康是所有父母最大的心愿。但人吃五谷杂粮，孰能无病，有病就难免要求医问药，宝宝也不例外。宝宝有一点点异常，年轻的爸爸妈妈就会惊慌不已、不知所措。别着急，本章会告诉你该如何做。

# 小儿感冒

感冒又名伤风，是小儿常见的外感病之一。本病多因小儿肌肤疏薄，表卫不固，风寒、风热或暑邪侵袭肺卫，卫表失司所致。根据病邪不同，一般分为风寒、风热、暑湿感冒三个证型。临床以发热恶寒、咳嗽、喷嚏流涕、头痛身痛为主要症状。四季均可发生，冬春发病率较高。若同一地区同时广泛流行，全身症状较重者称流行性感冒。

## 姜葱红糖饮——风寒感冒

【材料】姜10克，葱白5根，红糖适量。

【做法】上述3味用水煎沸约5分钟，取液趁热频饮，服后卧床盖被至微汗出。

【功效】辛散风寒，发汗解表。对小儿风寒感冒初起兼恶心欲吐者用之为宜。

【附注】姜辛温，发表散寒，兼能止呕，辅以通阳、解表的葱白，增强其发表散寒之力，再入甘温的红糖，既可调味，又可防姜、葱发散太过。

## 银花山楂饮——风热感冒

【材料】金银花40克，山楂10克，蜂蜜适量。

【做法】将金银花、山楂加水用大火煮沸3分钟后，取药液入杯内；再加水煎沸，两次药液合并，入蜂蜜，搅拌均匀即成。随时饮用。

【功效】辛凉解表，润肺止咳。适用于小儿风热外感伴干咳不爽、纳食不振者。

## 按摩调治——随症加减

【选穴】风池、大椎、列缺、合谷、外关。风寒感冒增加肺俞、风门；风热感冒增加曲池、曲泽；暑湿感冒增加中脘、足三里。如果鼻塞、流鼻涕严重，可多按揉迎香；如果头痛得厉害，可以多按揉太阳、印堂。

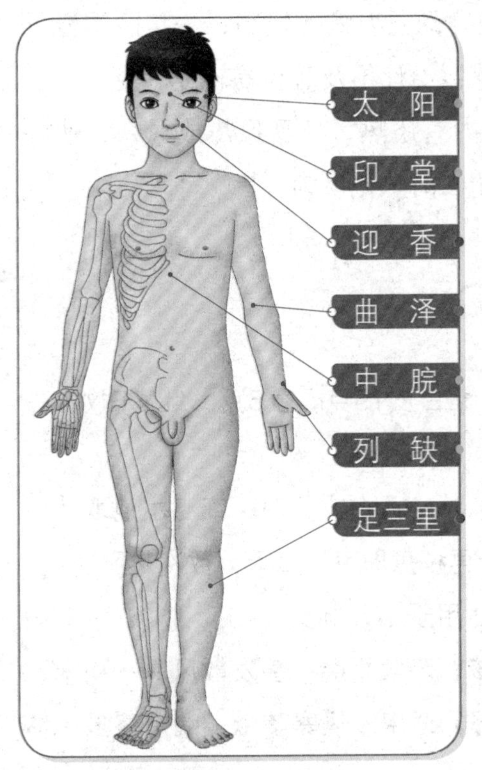


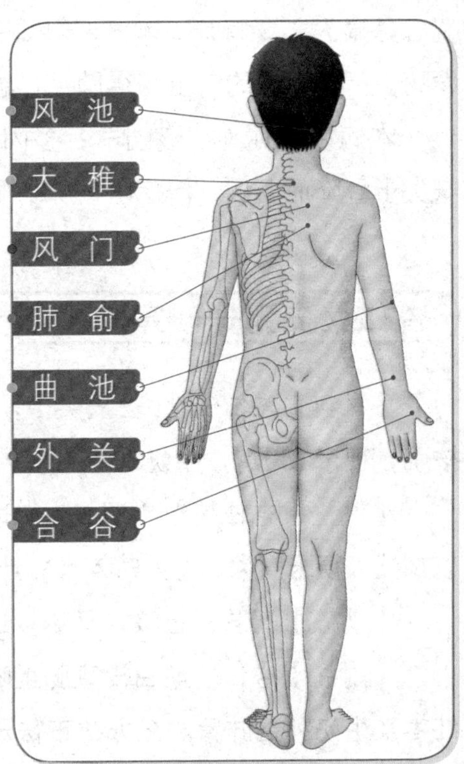


【方法】对上述穴位分别按揉，每个穴位按揉3～5分钟，以有酸麻感为度。

【功效】疏散风邪。适用于小儿感冒。

【附注】风池、大椎、列缺、合谷、外关是治疗感冒的基本穴位，不管是什么类型的感冒，都可以用它们来治疗。

# 小儿肺炎

小儿肺炎是儿科常见疾病之一，临床以发热、咳嗽、喉中痰鸣、喘急鼻扇为主要特征。本病3岁以内婴幼儿发病率较高，一年四季皆可发病。营养不良的宝宝易得肺炎，感冒治疗不及时也易转成肺炎。

本病中医称为“咳喘”，多因内有痰热，外受风热或风寒，使肺气失于宣降而发病，治疗以宣肺平喘、清热化痰为主旨。

## 杏仁桑皮粥——宣肺平喘

【材料】杏仁6克（去皮尖），桑白皮15克，姜6克，红枣5枚（去核），粳米150克，牛奶30毫升。

【做法】杏仁研泥，调入牛奶取汁；桑白皮、姜、红枣水煎取汁，以药汁入粳米煮粥，将熟时入杏仁汁再稍煮即可。每天分数次热服。

【功效】宣肺，止咳，平喘。适用于小儿肺炎。

【附注】杏仁、桑白皮宣肺止咳，降气平喘；姜发散风寒；粳米、红枣及牛奶补益肺胃。全方扶正祛邪，适用于风寒咳嗽、喘急痰多、体质虚弱、食纳不佳之患儿。

## 银耳雪梨膏——养阴清热

【材料】银耳10克，雪梨1个，冰糖15克。

【做法】梨去核切片，加水适量，与银耳同煮至汤稠，再加入冰糖溶化即可。每天2次，热服。

【功效】养阴清热，润肺止咳。适用于阴虚肺燥、干咳痰稠及肺

虚久咳之症。

【附注】银耳滋阴润肺，养胃生津，为补益肺胃之上品；雪梨清肺止咳；冰糖滋阴润肺。因此，用于阴虚肺燥之证者颇佳。

## 按摩调治——调气止咳

【选穴】肺俞、膻中、天突。

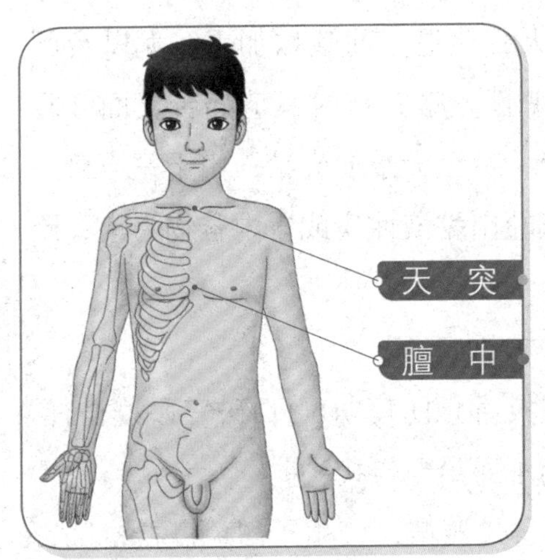


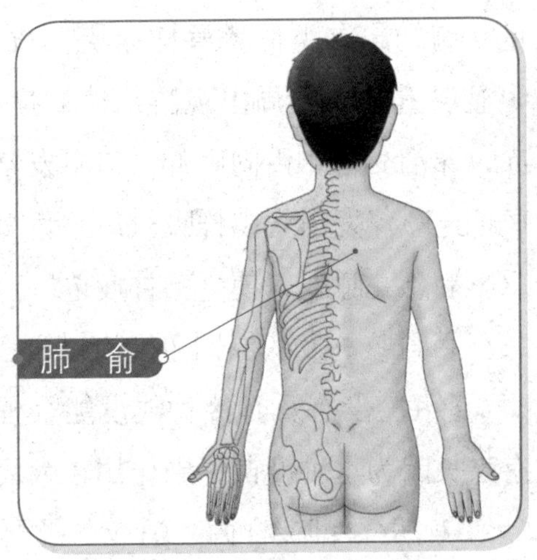


【方法】①家长用手揉擦宝宝后背的胸椎部，每次擦至皮肤发红，然后用手指重点按揉宝宝的肺俞穴，每次按揉2分钟；②用空掌轻叩轻拍宝宝胸部正中间的胸骨，每次拍3～5下，停10秒钟左右，每天3～5分钟，然后重点按揉宝宝的膻中穴、天突穴。家长先用掌根贴在宝宝的膻中穴上，旋转揉动20～30次，再换另一手揉动相同的次数。按完膻中穴后，再用中指指端按天突穴10次，注意用力不要太大，否则易引起咳嗽。

【功效】增强宝宝体质，提高其免疫力。适用于体质虚弱易患支气管炎等小儿肺病的宝宝。

【附注】因宝宝皮肤娇嫩，按揉宝宝的后背时手法要轻柔。

# 百日咳

百日咳是由百日咳杆菌引起的急性呼吸道传染病，全年均可发病，以冬春季为多见。任何年龄均可发病，但以5岁以下的小儿为多见。病初起有类似感冒样症状，数天后热退，而咳嗽加重，尤以夜间明显加重。2~6周出现特殊性的痉挛性咳嗽，咳时表情痛苦，面红耳赤，涕泪交替，舌向后伸，口唇发紫，甚至大小便失禁，由于一声接一声地连咳伴发出鸡鸣样吸气声，直至吐出黏液性痰或胃内容物为止，严重影响患儿睡眠，使之精神疲倦。

百日咳的发病原因主要有以下三方面：

（1）没有及时接种或没能全程接种预防疫苗(百白破三联疫苗)，有家长因为这种疫苗的副作用较大而不愿给宝宝接种。

（2）百日咳杆菌“适应”了百日咳疫苗，产生了“免疫抵抗”，也就是说百日咳杆菌发生了基因变异，使原来的疫苗失去效用。

（3）除了百日咳杆菌外，还有副百日咳杆菌也能引起百日咳样症状。

## 鱼腥草苏叶绿豆粥——消痈排脓

【材料】鱼腥草（鲜品）50克，苏叶15克，绿豆、粳米各60克，冰糖30克。

【做法】将鱼腥草、苏叶水煎20分钟取汁，加水再煎30分钟，共取浓汁300毫升，加适量清水和绿豆、粳米煮粥，熟时加冰糖溶化调匀服食，每日1~2次。

鱼腥草

【功效】清热解毒，消痈排脓，利水消

肿。适合1周岁以上的患儿，主要治疗百日咳初咳期咳嗽、喷嚏、流涕，或发热等伤风感冒症状。

## 白菜根汤——清热解毒

【材料】大白菜根3个，冰糖50克。

【做法】大白菜根洗净，与冰糖加水同煮，水煎后饮服。每天3次，连服4~6天。

【功效】清热解毒，止咳平喘。适用于百日咳初咳期。

## 冰糖鸭蛋羹——清热润肺

【材料】冰糖30克，鸭蛋2枚。

【做法】冰糖加开水溶化，打入鸭蛋调匀，蒸熟食用。

【功效】清热，润肺，止咳。适用于百日咳恢复期。

## 按摩调治——驱肺经寒气

【方法】补脾经、肾经各300次；清肝经、心经各200次；清肺经300次；推三关穴300次；推天河水100次；推六腑200次。反复挤捏膻中穴处的肌肉，以局部发红为止。按揉宝宝足三里穴、丰隆穴各1分钟。宝宝俯卧，家长用全掌横擦肩胛骨内侧缘，以透热为度。按揉大椎穴、肺俞穴、定喘穴各1分钟。

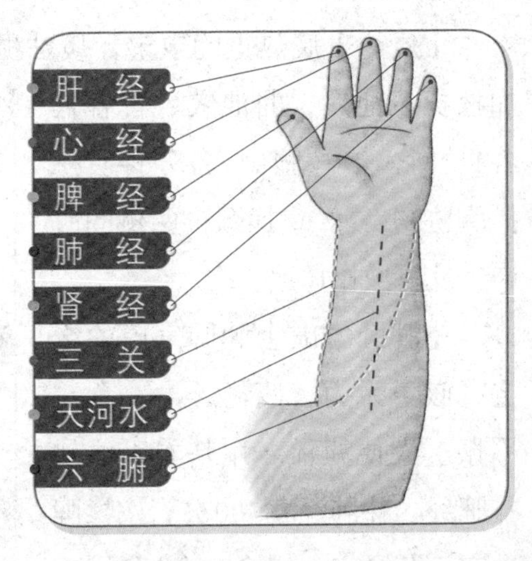

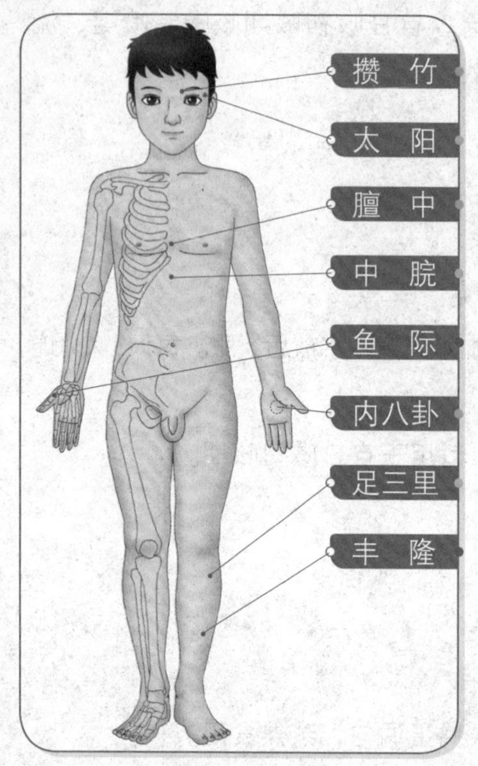


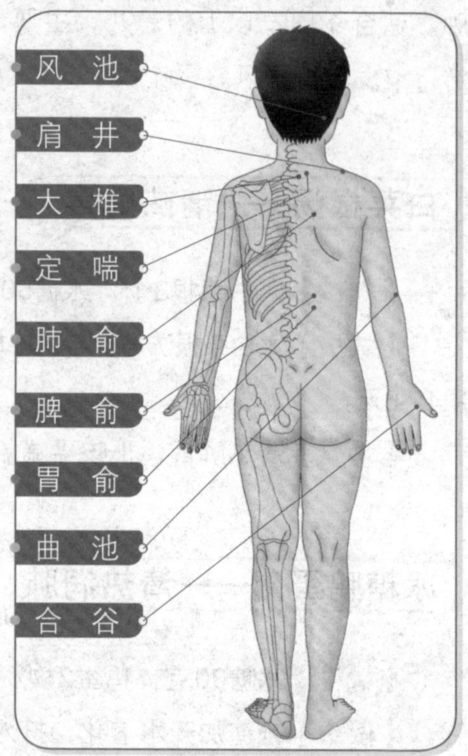


【风寒】同时得了风寒感冒的宝宝，基本手法加推三关穴300次。拿风池穴、合谷穴各1分钟。横擦胸部1分钟。

【风热】同时得了风热感冒的宝宝，基本手法加清肺经300次。按揉曲池穴、合谷穴各1分钟。

【痰热】痰热重的宝宝，痰黏稠，色黄，口鼻气热。用基本手法加按揉风池穴、曲池穴、合谷穴各1分钟。点按膻中穴1分钟。擦搓胸胁3分钟。拿揉颈椎两侧的肌肉，反复操作10遍。

【脾肺气虚】脾肺气虚的宝宝，咳声无力，疲倦乏力，食欲不振，大便溏稀。用基本手法加补脾经、补肺经各300次。按揉脾俞穴、肺俞穴、胃俞穴各1分钟。

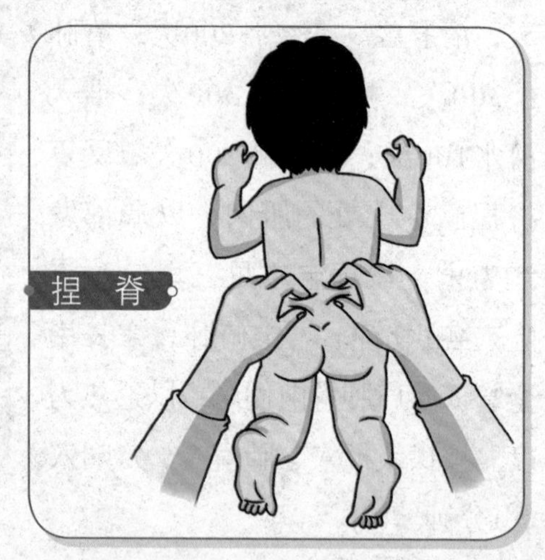

摩中脘穴3分钟。捏脊3遍。

【百日咳初期兼有感冒症状】用基本手法加推攒竹穴1分钟，揉太阳穴1分钟，拿风池穴1分钟，拿肩井穴1分钟。

【咳嗽期】用基本手法加揉鱼际穴300次，运内八卦100次。

【恢复期】用基本手法加摩中脘穴5分钟，按揉足三里穴1分钟，横擦背部1分钟。

# 小儿夏季热

夏季热为婴幼儿时期特有的疾病，尤以6个月至3岁的幼儿多见，临床以长期发热不退、口渴、多饮、多尿、汗闭或少汗为主症，因其多发于夏季，故名为夏季热。3岁以内的宝宝大脑的体温调节中枢尚未发育成熟，所以体温不能随着外界环境温度的升高而自行调节，同时汗腺功能也不足，出汗少而不容易散热。一般3岁以后，身体内的体温调节系统逐渐成熟就不再发病。本病的发生，与气候相关。一般发病时间多集中在6、7、8三个月，而南方各省，因夏季炎热时间较长，故发病时间相应较长。秋凉之后，症状自然消退。一般病程1~2个月，少数可达3~4个月。

中医学认为，幼儿脏腑娇嫩，阴阳稚弱，机体调节功能未发育完善，炎夏暑气相逼，故而发病。入夏之后，注意幼儿饮食营养，增强体质，保持居室空气流通而凉爽。

## 荷叶饮——祛暑醒脾

【材料】新鲜荷叶1张，蜂蜜（或白糖）适量。

【做法】将荷叶切小块，水煎取汁，加蜂蜜或白糖，每天1剂。

【功效】祛暑醒脾。适用于小儿夏季热。

## 荷叶红枣汤——清热祛暑

【材料】鲜荷叶（切碎）20克，红枣5枚。

【做法】荷叶碎、红枣用水合煎，代茶频饮。

【功效】清热祛暑，益气养血。用于小儿夏季热、发热烦渴等症。

【附注】荷叶清暑祛湿；红枣益气养血。两物配伍对小儿夏季热，伴有精神萎靡、身体虚弱者适宜。

## 芦根粥——清热养胃

【材料】鲜芦根、粳米各50克。

【做法】鲜芦根切段去节，水煎20分钟，去芦根，取汁煮粳米成粥，按患儿食量食用。

【功效】清热养胃，生津止渴。适用于小儿夏季热。

【附注】芦根味甘性寒，清气分之热，生津止渴；粳米养胃生津。合用之，适用于小儿夏季热烦渴较甚者。

## 按摩调治——清心清肺清脾胃

【方法】清肺经300次；清天河水500次；推六腑300次；按揉足三里穴1分钟；揉内劳宫穴1分钟；擦涌泉穴1分钟；推颈椎100次；点揉大椎穴2分钟；擦背部、腰部；按揉脾俞穴、胃俞穴各1分钟；捏脊5遍。

清肺经：用拇指指腹在宝宝无名指末节螺纹面上，向指根方向做直线推动，各推100～300次。

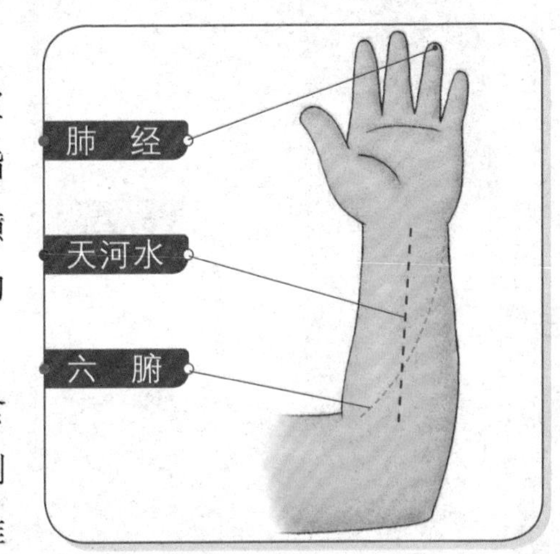


清天河水：用一只手握住宝宝的手，另外一只手的食指、中指指腹沿宝宝前臂内侧正中，自腕横纹中央的总筋穴推至肘横纹中央的洪池穴，各推100～300次。

推六腑：用拇指指面或食指、中指指腹沿着宝宝前臂尺侧自肘向腕横纹做直线推动，各推

100～300次。

按揉足三里：宝宝仰卧位，用拇指指腹在宝宝足三里穴上用力按压，然后在足三里穴上按顺时针或逆时针方向旋转揉动。如此交替按揉各1分钟。

揉内劳宫：用拇指在宝宝的内劳宫穴处按顺时针方向旋转按揉，各揉100次。

擦涌泉：用一手抓住宝宝脚掌，并用另一只手的掌面、大小鱼际部分在宝宝的涌泉穴上来回搓擦，各搓擦100次。

推颈椎：宝宝俯卧，用食指、中指自上而下直线推动天柱100次，即推颈椎。

擦背部、腰部：沿着脊柱两侧着力推擦宝宝背部、腰部，以热透为度。

按揉脾俞：先用拇指指腹分别点按宝宝两侧的脾俞穴，用力往下按压，然后用手指轻轻地按顺时针或逆时针方向旋转揉动，如此交替按

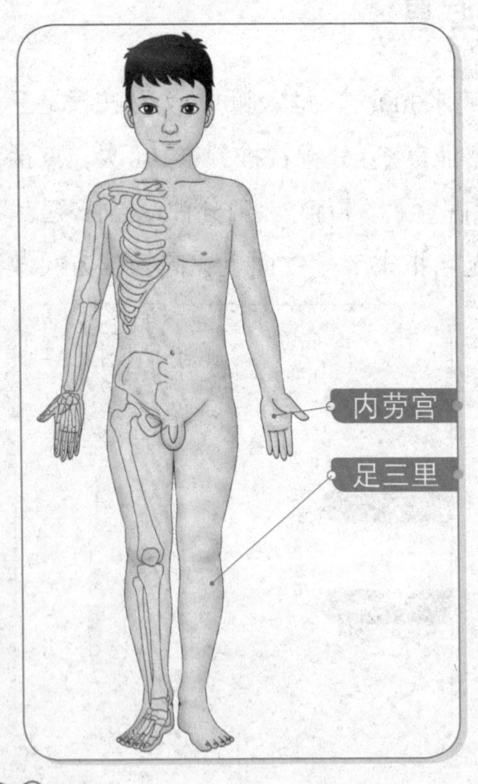


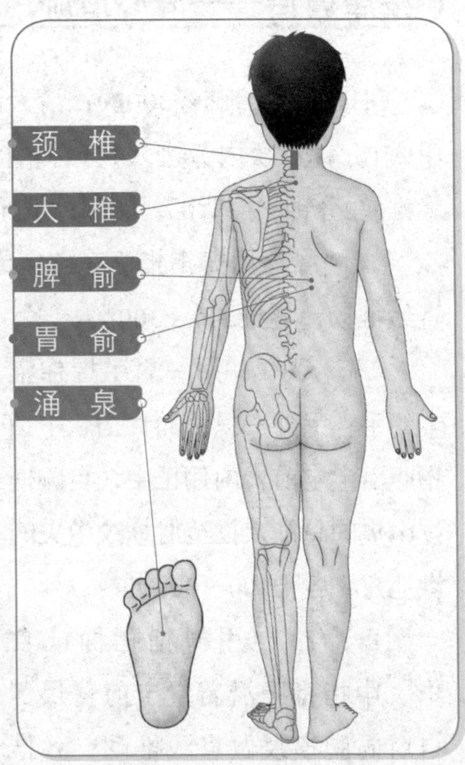

揉2分钟。

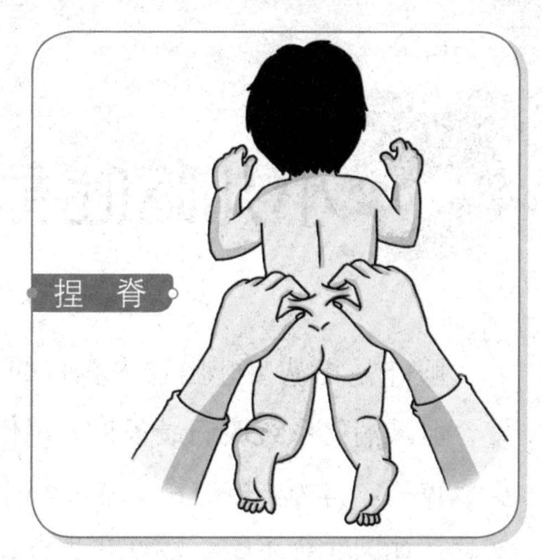


按揉胃俞：用双手拇指在宝宝的两侧胃俞穴上按压，并用拇指指腹在此穴上做顺时针或逆时针方向旋转揉动，按揉2分钟。

捏脊：让宝宝俯卧，先在宝宝背部轻轻按摩几遍，使肌肉放松，消除宝宝的紧张情绪，然后两拇指在后向下，与食指、中指相对着力，用拇指推起脊柱两侧皮肤肌肉，反复交替推捏提之，边推边捏边提，边放边向上方推移，自宝宝尾骨端一直捏到颈部大椎穴，捏最后一遍时，每捏3下，要用力上提1次，反复3～5遍即可。

# 小儿呕吐

呕吐是指从口吐出胃内容物的一个症状，许多小儿疾病都可以引发，但以消化系统疾病最多见。消化系统疾病引起的呕吐，在婴幼儿发病率较高。胃为水谷之海，司受纳，腐熟水谷，以下降为顺，小儿脾胃薄弱，如因饮食不节，或寒热失宜，或久病胃阴虚，伤及胃气，胃失其和降，气逆于上则发为呕吐。

此病临床常见伤食呕吐、热吐、寒吐、胃阴虚呕吐等证型，治疗时需分清虚实寒热。伤食吐、热吐属实属热；寒吐、胃阴虚吐属虚属寒，但总以和胃降逆为治则，针对不同病因，佐以消导、清热、温中、滋阴等法则。

## 甘蔗生姜汁——和胃止呕

【材料】甘蔗250～500克，姜25～30克。

【做法】将甘蔗、姜分别捣碎，绞取汁液和匀煮沸，频频温饮。

【功效】清热生津，和胃止呕。

【附注】甘蔗性寒味甘，善清热生津润燥，养胃和中，配姜汁性温下气止呕。两药合用，一寒一温，性较平和。对余热未尽、胃阴不足引起的反胃呕吐、食少烦渴，有除烦止渴、和胃止呕之功效。

## 蜜饯萝卜——消食下气

【材料】鲜白萝卜500克，蜂蜜150克。

【做法】将鲜白萝卜切丁，放入沸水焯一下捞出，沥干水，晾晒半

日，放入锅内加入蜂蜜调匀，小火煮沸，待冷备用，当点心分次食。或切碎略捣，绞取汁液，煮沸后加蜂蜜适量，频频温服。

【功效】消食下气，和中止呕。

【附注】萝卜性平味甘，能益脾和胃，消食下气，还能清热生津，加蜂蜜补中缓急。适用于伤食停滞、食积化热、饮食不消、呕吐、脘腹胀满者。

## 按摩调治——梳理胃经

【方法】用拇指按揉膻中穴2分钟；用两拇指自中脘至脐向两旁分推30～50次；顺、逆时针摩腹各1分钟；用拇指端按揉足三里穴、内关穴各1分钟。

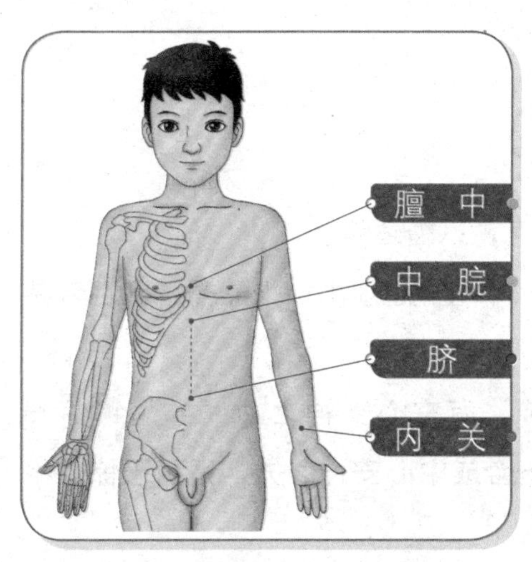


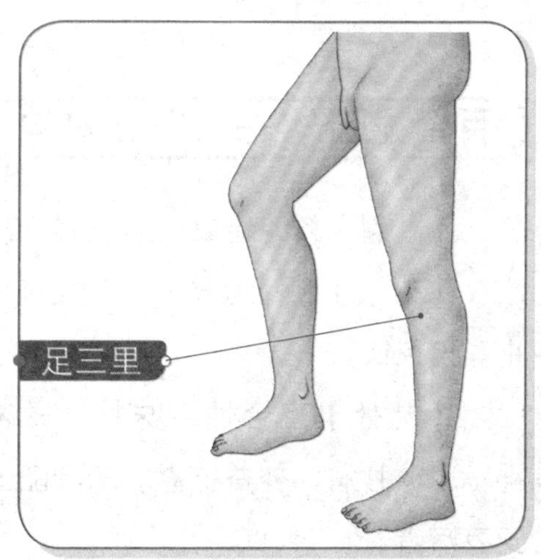

# 小儿夜啼

小儿夜啼是指小儿白天如常，入夜则经常啼哭不眠。中医学认为，小儿夜啼常因脾寒、心热、惊骇而发病。如：①脾胃虚寒，症见小儿面色青白、四肢欠温、喜伏卧、腹部发凉、不思饮食、大便溏薄、小便清长等。治宜温中健脾。②心热受惊，症见小儿面赤唇红、烦躁不安、口鼻出气热、夜寐不安、一惊一乍、身腹俱暖、大便秘结、小便短赤等。治宜清热安神。③惊骇恐惧，症见夜间啼哭、面红或泛青、心神不宁、睡中易醒等。治宜镇惊安神。

## 百合龙齿饮——宁心安神

【材料】鲜百合20克，龙齿30克，冰糖适量。

【做法】将百合洗净，与龙齿、冰糖一起加水小火熬煮，到百合熟止。代茶饮。

【功效】百合性平味甘、微苦，有宁心安神之功；龙齿镇惊安神；冰糖甘润，补益肺胃。三者配伍合成宁心安神之方，适用于惊恐不安夜啼者。

## 生姜红糖水——温中散寒

【材料】生姜10克，红糖15克。

【做法】生姜切片，加适量红糖，水煎服。

【功效】温中散寒。适用于小儿脾胃虚寒夜啼、大便溏泄、腹中冷痛者。

## 按摩调治——对症下手

【方法】补脾经200次；清心经200次；清肝经200次；用掌心顺时针摩腹、揉脐各3分钟。按揉足三里穴1分钟。

【脾虚】用基本手法加揉板门300次；推三关100次；掐揉推四横纹4分钟；摩中脘穴3分钟。

【心火旺】用基本手法加清天河水200次；推六腑200次；清小肠经300次。

【惊恐】用基本手法加按神门穴、揉百会穴各1分钟；清心经100次；补肝经100次。

【食积】用基本手法加揉板门100次，运内八卦100次；清大肠经300次；揉中脘穴3分钟。

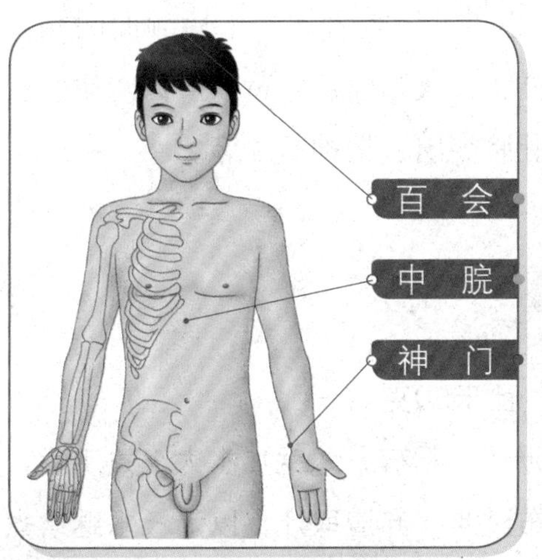


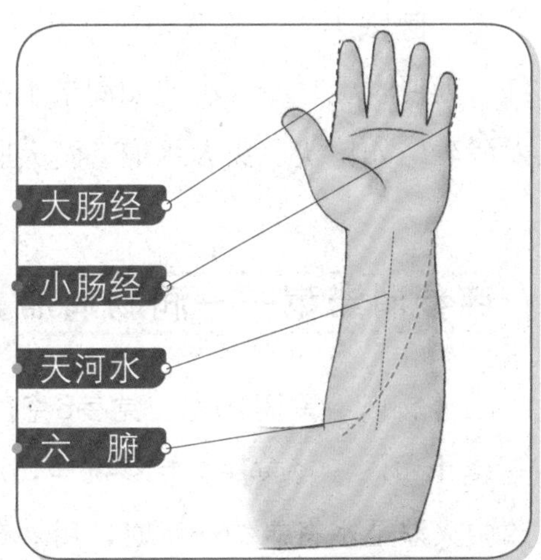


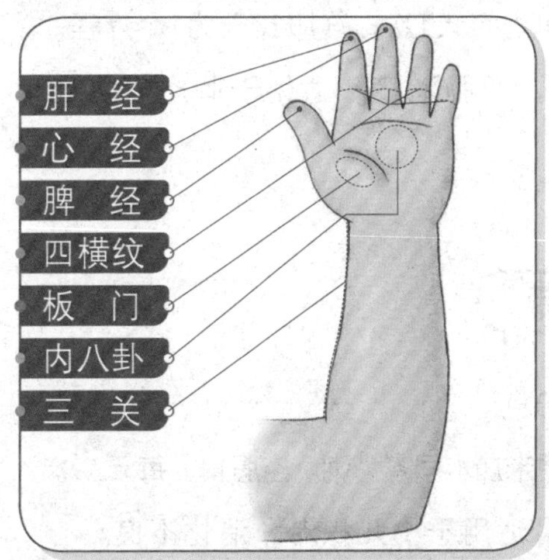


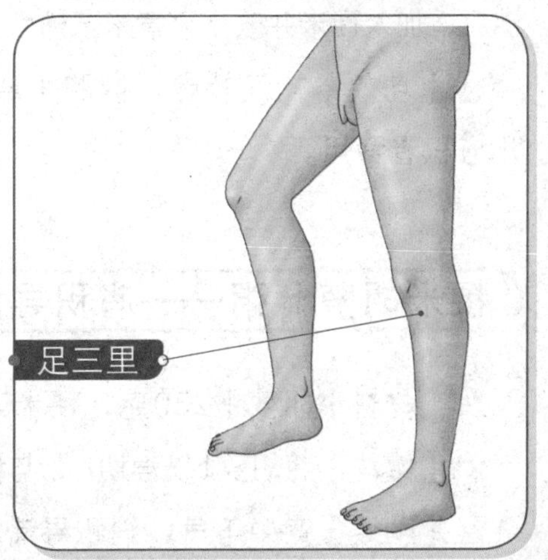

# 小儿疳积

小儿疳积即小儿营养不良症，是一种慢性营养缺乏病，又称蛋白质、热量不足型营养不良症。主要是由于喂养不当或某些疾病（婴幼儿腹泻、先天幽门狭窄、腭裂、急慢性传染病、寄生虫病）所引起。多发于3岁以下婴幼儿。

临床上初期有不思饮食、恶心呕吐、腹胀或腹泻，继而可见烦躁哭闹、睡眠不实、喜欢俯卧、手足心热、口渴喜饮、午后颜面两颧发红、大便时干时溏、小便如淘米水样，日久则面色苍黄、形体消瘦、头发稀少结如穗状、头大颈细、腹大肚脐突出、精神萎靡等。

## 芪参消滞粥——润肠消滞

【材料】黄芪10克，党参6克，粳米50克。

【做法】将黄芪、党参洗净，沥干，粉碎，入锅加水大火煮沸后，改中火熬至水将剩约一半时，用纱布过滤，弃渣取汁，以汁代水继续煮沸后，加入粳米并改小火煮米至熟即可。每天1次，连服10天为1个疗程。

【功效】补气补虚，健脾生津，润肠消滞。适用于脾虚气弱型小儿疳积者食用。

## 粳米胡萝卜粥——消积导滞

【材料】胡萝卜250克，粳米50克。

【做法】将胡萝卜洗净切片，与粳米加水同煮为粥。空腹食，每天2次。

【功效】宽中下气，消积导滞。适用于小儿积滞、消化不良。

## 鸡内金白糖饼——健脾消疳

【材料】生鸡内金90克，白面250克，白糖适量。

【做法】将鸡内金烘干，研成极细末；将鸡内金末、白面、白糖混合，加水揉成面团，按常规做成极薄小饼，烙至黄熟，如饼干样即可。当饼干给小儿食之。

【功效】健脾消疳。适用于小儿疳积的脾虚腹胀、面黄食少者。

## 按摩调治——让宝宝脾胃尽快恢复健康

【方法】摩中脘5分钟；补脾经300次；揉板门300次；捏脊5遍；按揉足三里1分钟。

摩中脘：用食指、中指、无名指、小指并拢在宝宝的中脘穴按顺时针或逆时针方向旋转按摩，按摩5分钟。

补脾经：用拇指在宝宝大拇指末节螺纹面按顺时针方向旋转推动，推100～300次。

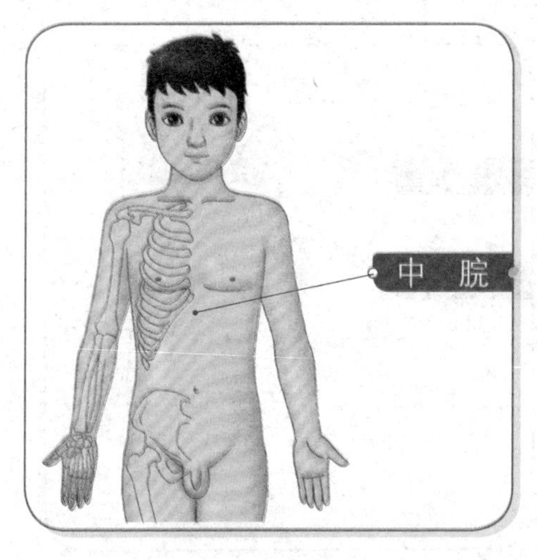


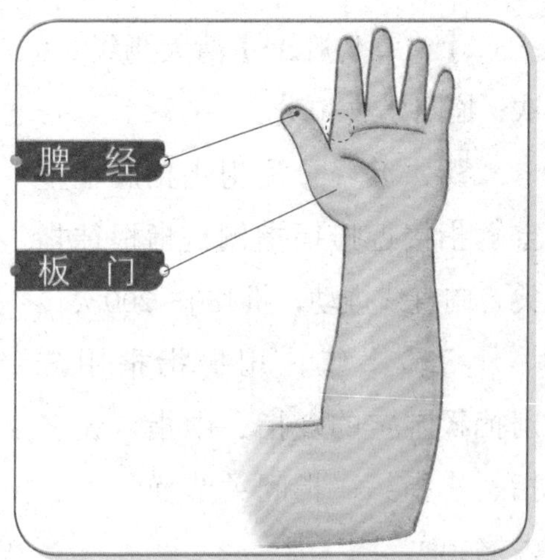


揉板门：用拇指按揉宝宝板门穴，顺时针或逆时针都可以，揉100～300次。

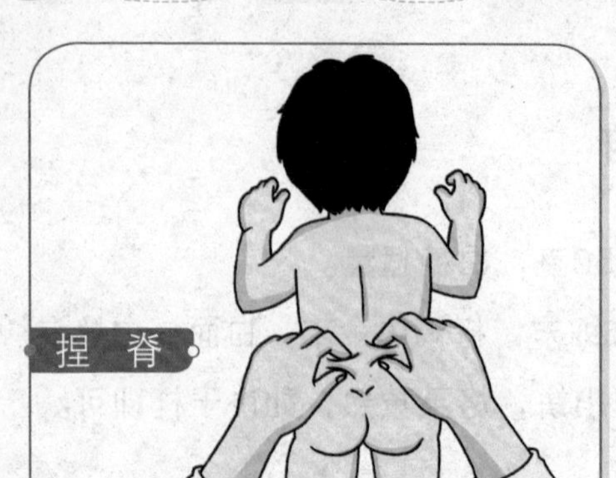


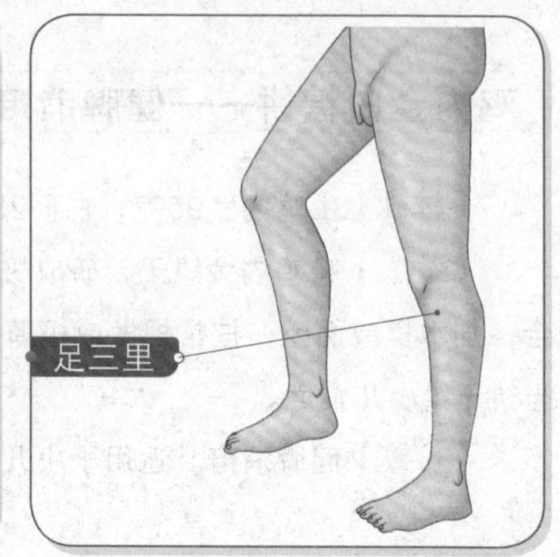


**捏脊：** 让宝宝俯卧，先在宝宝背部轻轻按摩几遍，使肌肉放松，消除宝宝的紧张情绪，然后两拇指在后向下，与食指、中指相对着力，用拇指推起脊柱两侧皮肤肌肉，反复交替推捏提之，边推边捏边提，边放边向上方推移，自宝宝尾骨端一直捏到颈部大椎穴，捏最后一遍时，每捏3下，要用力上提1次，反复3～5遍即可。

**按揉足三里：** 使宝宝仰卧，用拇指指腹在宝宝足三里穴上用力按压，然后在足三里穴上按顺时针或逆时针方向旋转揉动。如此交替按揉1分钟。

【饮食伤脾型】清大肠经200次；掐四横纹50次。

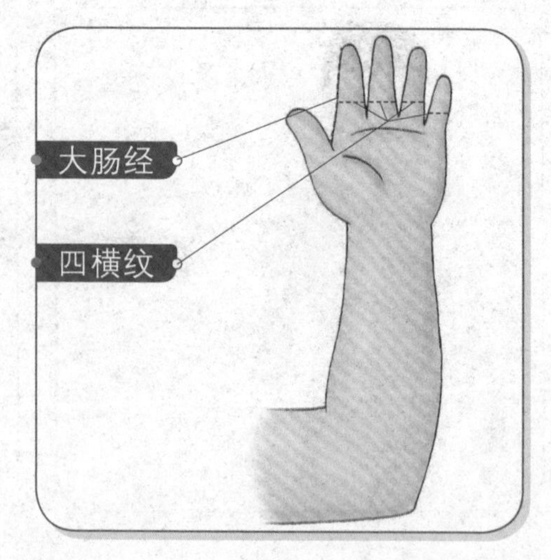


**清大肠经：** 用拇指指腹在宝宝食指接近拇指指侧自指根往指尖方向直线推动，推150～200次。

**掐四横纹：** 用拇指指甲分别掐揉宝宝的食指、中指、无名指、小指第一指间关节横纹处，先掐50次。

【脾胃虚弱型】按揉脾俞、胃俞各2分钟。

按揉脾俞：先用拇指指腹分别点按宝宝两侧的脾俞穴，用力往下按压然后用手指轻轻地按顺时针或逆时针方向旋转揉动，如此交替按揉2分钟。

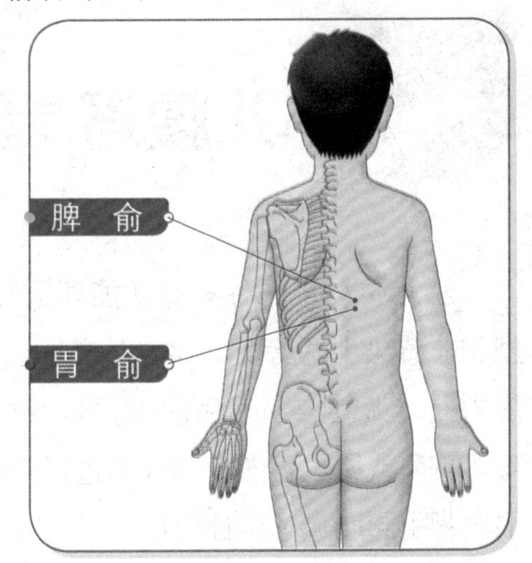


按揉胃俞：用双手拇指在宝宝的两侧胃俞穴上按压，并用拇指指腹在此穴上做顺时针或逆时针方向旋转揉动，按揉2分钟。

# 小儿腹泻

小儿腹泻是一种胃肠功能紊乱综合征。根据病因不同可分为感染型和非感染型两大类。2岁以下婴儿，消化功能尚不成熟，抵抗疾病的能力差，尤其容易发生腹泻。夏秋季节是病菌多发期，多种细菌、病毒、真菌或原虫可随食物或通过污染的手、玩具、用品等进入消化道，很容易引起肠道感染性腹泻。

此病通常表现为每天排便5～10次不等，大便稀薄，呈黄色或黄绿色稀水样，似蛋花汤，或夹杂未消化食物，或含少量黏液，有酸臭味，偶有呕吐或溢乳、食欲减退。患儿体温正常或偶有低热。重者血压下降、心音低钝，可发生休克或昏迷。

## 鲜香椿叶饮——理气涩肠

【材料】香椿鲜叶90克。

【做法】香椿鲜叶洗净，入锅加水2碗煎煮至1碗。每天1剂，每次1小碗，上下午各1次。

【功效】理气涩肠。主治湿热溏泄、突然腹痛、泻下稀水样或黏液便、口干烦躁、小便黄短者。

【附注】现代医学研究表明，香椿煎汁对金黄色葡萄球菌、痢疾杆菌、伤寒杆菌等都有明显的抑制作用和杀灭作用。

## 藕楂泥——消食化积

【材料】山楂5枚，藕粉适量。

【做法】山楂水煮后去皮及核，用纱布过滤，加入藕粉中，食用即可。

【功效】消食化积。主治小儿因贪吃油腻而引起的腹泻。

## 按摩调治——调理肠腑

【选穴】天枢、大肠俞、上巨虚、三阴交、神阙。

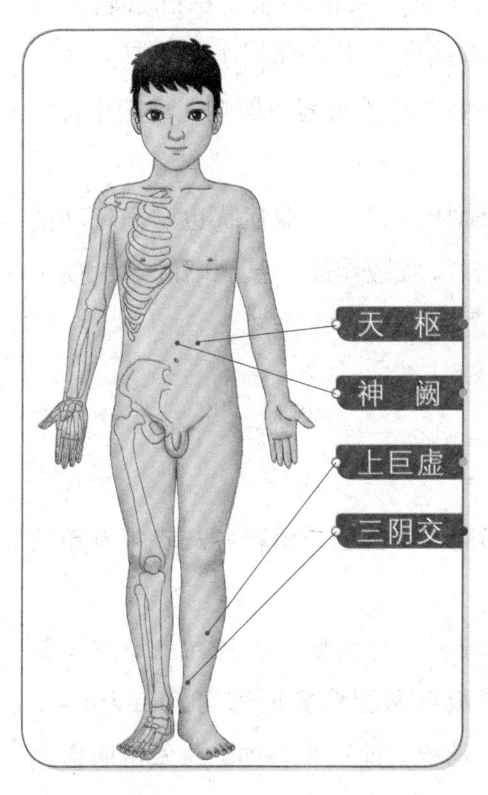


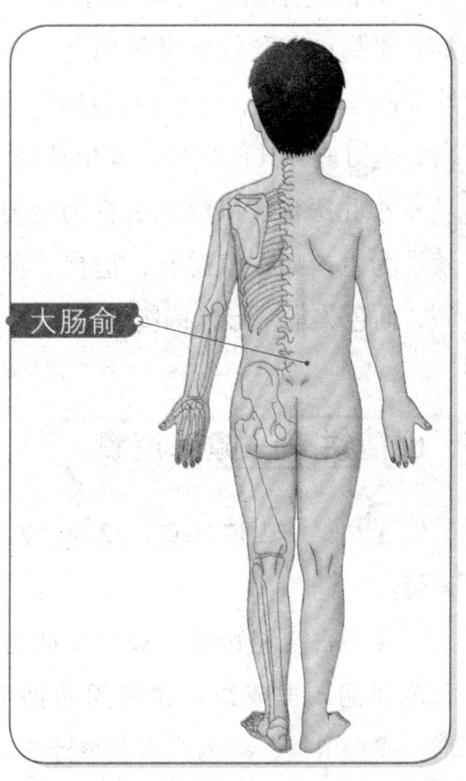


【方法】对上述穴位分别按摩，按摩方式不限，每个穴位按摩3～5分钟就行，长期坚持，对慢性腹泻效果很好。

【功效】调理肠腑。适用于小儿各种腹泻。

【附注】天枢、大肠俞、上巨虚这3个穴位分别是大肠的募穴、背俞穴、下合穴，三穴同用，综合调理肠腑功能；三阴交是脾经、肾经、肝经的交会穴，善治一切原因导致的腹泻；神阙穴内连肠腑，无论是急性腹泻还是慢性腹泻，都能用它治疗。此外，引起小儿腹泻的原因很多，腹泻严重应及时就医，以免耽误病情。

# 小儿厌食症

厌食症是指小儿较长时期见食不贪、食欲不振、厌恶进食的病症，是目前儿科临床常见病之一。本病多见于1~6岁小儿，其发生无明显的季节差异，一般预后良好。少数长期不愈者可影响儿童的生长发育，也可成为其他疾病的发生基础。

小儿厌食症以厌恶进食为主要临床症状。其他症状也以消化功能紊乱为主，如嗳气恶心，迫食、多食后脘腹作胀，甚至呕吐，大便不调，面色欠华，形体偏瘦等。

## 山楂饼——健脾消食

【材料】山楂15克，鸡内金7.5克，山药粉、面粉各75克，食用油适量。

【做法】将山楂、鸡内金研为细末，与面粉、山药粉加清水适量和成面团，捏成饼，放食用油锅中煎至两面金黄时即可。每天1~2剂，或将山楂、鸡内金水煎取汁与山药粉、面粉和匀如上法做饼服食。

【功效】健脾消食。适用于小儿厌食症。

## 鸡内金粥——消积健脾

【材料】鸡内金6克，干橘皮10克，砂仁1.5克，粳米30克，白糖少许。

【做法】先将鸡内金、干橘皮、砂仁共研成细末，待用。将粳米淘净，放入锅内，加上述3味药末，加水搅匀，置大火上煮沸，再用小

火熬成粥，然后入白糖即可。每天2～3次，空腹食用。

【功效】消积健脾。适用于小儿饮食不节致脾胃受损、不思饮食、肚腹胀大、面黄肌瘦、大便黏滞等症。

## 按摩调治——促进胃肠蠕动

【方法】先给宝宝按揉足三里；再摩腹；再捏脊；每天晚上临睡前给宝宝做1次，能比较理想地治疗厌食症。

按揉足三里：让宝宝仰卧，用拇指指腹在宝宝足三里穴上用力按压，然后在足三里穴上按顺时针或逆时针方向旋转揉动。如此交替按揉1分钟。

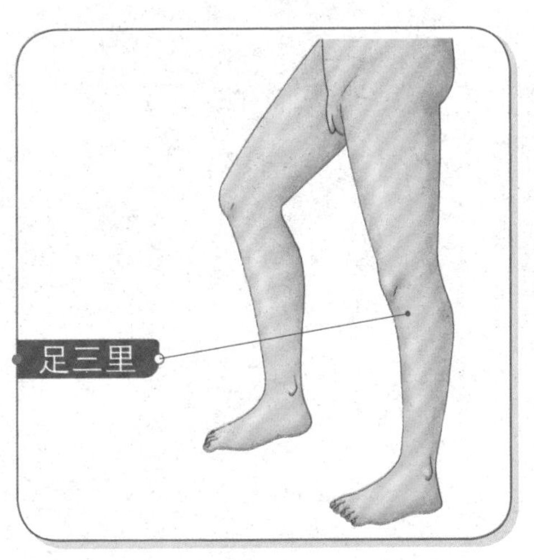


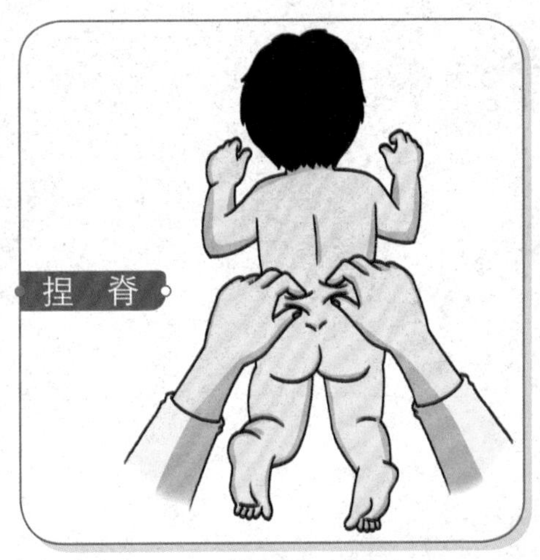


捏脊：让宝宝俯卧，先在宝宝背部轻轻按摩几遍，使肌肉放松，消除宝宝的紧张情绪，然后两拇指在后向下，与食指、中指相对着力，用拇指推起脊柱两侧皮肤肌肉，反复交替推捏提之，边推边捏边提，边放边向上方推移，自宝宝尾骨端一直捏到颈部大椎穴，捏最后一遍时，每捏3下，要用力上提1次，反复3～5遍即可。

摩腹：将手掌平放在宝宝腹部，按顺时针方向在其腹部反复环揉，使局部产生较强的温热感。